焊接工程师
实用技术丛书

自动化焊接
实用技术全图解

高进强　任文建　赵淑珍　编著

U0228610

化学工业出版社

·北京·

内 容 简 介

本书简单介绍了焊接自动化的概念及关键技术；阐述了自动控制的基础概念、基本原理和自动控制方法；对自动化焊接系统中常见的机床式机械结构、龙门架式机械结构、焊接机器人机械结构及焊接工装夹具等的组成以及各部件作用进行了简要说明；详细阐述了焊接自动化过程中用到的视觉传感器、电弧传感器、超声传感器、红外传感器及接触式传感器的原理，并给出了应用实例；重点介绍了直流、交流及步进电动机的启停、转向、转速等控制技术，单片机及 PLC 的原理及控制技术，并给出了单片机及 PLC 的应用实例；最后介绍了机器人的基础知识、柔性焊接机器人视觉系统的标定、机器人工作站的集成以及焊接机器人自动化系统在各行业的应用。

本书采用图解方法介绍相关内容，通俗易懂，注重理论与实践的密切结合，有利于读者将所学知识与生产实际相结合。本书可供企业焊接工程师以及从事焊接技术工作的工程技术人员学习参考，也适用于普通高等院校"材料成型及控制工程"专业（焊接方向）本科生和研究生作为教材和参考书使用。

图书在版编目（CIP）数据

自动化焊接实用技术全图解／高进强，任文建，赵淑珍编著. —北京：化学工业出版社，2022.9
（焊接工程师实用技术丛书）
ISBN 978-7-122-41855-5

Ⅰ.①自…　Ⅱ.①高…②任…③赵…　Ⅲ.①焊接－自动化技术－图解　Ⅳ.①TG409-64

中国版本图书馆 CIP 数据核字（2022）第 124503 号

责任编辑：陈　喆　王　烨　张兴辉
责任校对：王　静
装帧设计：王晓宇

出版发行：化学工业出版社（北京市东城区青年湖南街 13 号　邮政编码 100011）
印　　装：三河市延风印装有限公司
787mm×1092mm　1/16　印张 9½　字数 173 千字　2023 年 1 月北京第 1 版第 1 次印刷
购书咨询：010-64518888
售后服务：010-64518899
网　　址：http://www.cip.com.cn
凡购买本书，如有缺损质量问题，本社销售中心负责调换。

定　　价：69.00 元
版权所有　违者必究

前言

　　焊接作为一种重要的热加工工艺，在制造业中得到了广泛的应用。随着我国从制造大国向制造强国转变，一方面，优秀的焊接技术工人紧缺，企业对焊接自动化的需求大幅度提升；另一方面，随着焊接机器人等自动化设备的国产化，焊接机器人等自动化设备价格越来越低，均促进了自动化焊接设备在企业中的应用。

　　自动化焊接不仅能够实现生产效率的提高、产品质量的提升，而且能够把人力从复杂的工作环境里解放出来，提高产品生产的安全性，改善工人的劳动条件。

　　本书围绕焊接自动化系统的构成及必备知识进行编写，首先介绍自动控制基础概念、基本原理和方法，以期读者对自动控制有初步的了解；随后对自动化焊接系统中常见的机械机构进行了阐述，包括工装夹具等辅助焊接设备；柔性自动化焊接系统离不开各类传感器，本书介绍了焊缝跟踪和熔透控制过程中常用的传感器技术；电机是自动控制系统最常见的运动驱动装置，本书对常用类型电机的控制如启停、转向、转速调控等控制技术进行了详尽的分析；单片机或PLC是几乎所有控制系统都要用到的关键部件，单片机和PLC的基础知识也是本书讲解的重要内容；最后介绍了柔性焊接机器人以及在各行业应用的焊接机器人自动化系统。

　　本书通俗易懂，结合当前焊接自动化的发展，让读者了解近年来先进的自动化焊接技术；实例的应用，使读者更好地将理论和实践相结合，有利于读者将所学知识与生产实际相结合。

　　本书既可面向普通高等院校"材料成型及控制工程"专业（焊接方向）本科生和研究生，又适合企业焊接工程师以及从事焊接技术工作的工程技术人员参考。

　　参与本书编写的人员还有周二龙、王笑非、潘琼。

　　由于笔者水平有限，书中难免出现不足之处，恳请广大读者批评指正。

编著者

目录

第 1 章
概述   001

1.1 焊接自动化的概念   001
1.2 焊接自动化现状与发展趋势   002
  1.2.1 焊接自动化现状   002
  1.2.2 焊接自动化发展趋势   002
1.3 焊接自动化的关键技术及其特点   003

第 2 章
自动控制   006

2.1 自动控制基础   006
  2.1.1 基本概念   006
  2.1.2 焊接自动控制系统的分类   008
2.2 自动控制原理   009
  2.2.1 反馈控制原理   009
  2.2.2 正反馈和负反馈   010
  2.2.3 开环控制系统和闭环控制系统   010
  2.2.4 自动控制系统的基本特性   013
2.3 自动化焊接控制方法   014
  2.3.1 控制方式及方法   014
  2.3.2 PID 控制   015
  2.3.3 智能控制   017

第 3 章
机械结构   022

3.1 常规焊接设备机械结构   022
  3.1.1 机床式焊接设备机械结构   022
  3.1.2 龙门架式焊接设备机械结构   026
  3.1.3 焊接工装机械结构   028
3.2 焊接机器人机械结构   030
  3.2.1 点焊机器人机械结构   031
  3.2.2 弧焊机器人机械结构   033
  3.2.3 导轨式移动焊接机器人机械结构   036
3.3 水下自动焊接设备机械结构   038

3.3.1 局部干法自动化焊接排水装置 039

3.3.2 水下高压干法自动化焊接排水装置 040

3.3.3 水下自动焊接机器人 041

第 4 章
传感技术 044

4.1 传感器 044
4.1.1 传感器的基本概念 044
4.1.2 传感器的特性 045
4.1.3 常用检测电路 048
4.2 视觉传感器技术 058
4.2.1 视觉传感器技术原理 059
4.2.2 视觉传感器的应用 061
4.3 电弧传感器技术 063
4.3.1 电弧传感器技术原理 063
4.3.2 电弧传感器的应用 067
4.4 超声传感器技术 069
4.4.1 超声传感器技术原理 069
4.4.2 超声传感器的应用 072
4.5 红外传感器技术 073
4.5.1 红外传感器技术原理 074
4.5.2 红外传感器的应用 075
4.6 接触式传感器技术 077
4.6.1 接触式传感器技术原理 077
4.6.2 接触式传感器的应用 080

第 5 章
焊接自动化控制技术 083

5.1 电机控制技术 083
5.1.1 继电接触器控制电动机技术 084
5.1.2 直流电动机控制技术 087
5.1.3 交流电动机控制技术 089
5.1.4 步进电机控制技术 091
5.1.5 电机控制技术应用 095
5.2 单片机控制技术 096
5.2.1 单片机原理 096

5.2.2 单片机通信技术 098

5.2.3 单片机中断技术 100

5.2.4 单片机控制及应用 102

5.3 PLC 控制技术 **106**

5.3.1 PLC 控制技术基础 106

5.3.2 PLC 通信技术 108

5.3.3 PLC 中断技术 109

5.3.4 PLC 编程 111

5.3.5 PLC 在托辊双端自动焊接中的应用 113

第 6 章
柔性焊接机器人及应用 **117**

6.1 柔性焊接机器人 **117**

6.1.1 焊接机器人基础 117

6.1.2 焊接机器人运动控制 120

6.1.3 焊接机器人视觉系统的标定 123

6.1.4 机器人坐标系的建立与标定 126

6.1.5 焊接机器人的示教编程 128

6.1.6 焊接机器人离线编程技术 132

6.2 机器人焊接工作站集成 **134**

6.2.1 弧焊机器人工作站 135

6.2.2 点焊机器人工作站 136

6.2.3 焊接工作站的设计与控制 136

6.3 焊接机器人应用 **138**

6.3.1 工程机械行业—挖掘机制造中焊接机器人的
应用 139

6.3.2 汽车行业—整车制造中焊接机器人的应用 140

6.3.3 电力建设行业—铁塔钢结构制造中焊接机器人的
应用 141

6.3.4 建筑行业—肋板结构制造中焊接机器人的
应用 142

参考文献 **144**

第 1 章

概述

1.1　焊接自动化的概念

焊接是通过加热或者加压，或者两者并用，采用或不采用填充材料，使被连接材料（同种或异种）达到原子结合的一种加工工艺。随着时代的发展及进步，焊接被广泛地应用于机械制造、轨道交通、建筑工程、石油化工、航空航天等各个重要领域。

受焊接工艺能量来源的影响，焊接过程往往伴随有毒有害气体及烟尘的释放、电磁辐射、光辐射及噪声的干扰，施工过程可能涉及野外、水下、高原等恶劣环境，对施工人员的健康和人身安全都存在危害。同时随着制造业的发展，各行各业对焊接构件的需求日益增长，不仅体现在量上，更体现在质上。随着社会的发展，焊接质量要求的提升、工人成本的上升、焊工的短缺、自动化设备成本的降低，促进了各行各业对焊接自动化设备的需求。

焊接自动化即通过计算机控制焊接设备实现无人条件下的焊接过程。焊接自动化包括两个方面：一方面是焊接过程的自动化，即在进行焊接的过程中实现自动化；另一方面是焊接产品生产的自动化，即不仅仅焊接过程实现自动化，从备料到最后的检验都实现自动化。

自动化焊接不仅能够实现生产效率的提高、产品质量的提升，而且能够把人力从复杂的工作环境里解放出来，提高产品生产的安全性，改善工人的劳动条件。焊接自动化已成为未来焊接工艺发展的趋势。本书着重介绍焊接过程的自动化。

1.2　焊接自动化现状与发展趋势

1.2.1　焊接自动化现状

1920年美国的诺布尔立制成第一台自动电弧焊机，开启了焊接机械自动化的时代，至此各国开始积极投入到焊接自动化系统及设备的发明及生产中。焊接自动化的最终目的是完全采用计算机控制来代替人工操作，即利用传感系统获得焊缝位置、焊缝形状等焊接过程中的重要信息并传递至计算机进行实时处理，进而自动调控焊接参数，形成拟人的闭环控制。但由于焊接过程较为复杂，目前许多焊接操作只能由人工进行，智能化焊接仅存在于部分焊接生产过程中，如TIG单面焊双面成形过程、机器人记忆跟踪焊接、MIG焊熔滴控制等。所以焊接智能化的关键是要研发新型焊接传感器，特别是视觉焊缝图像传感器，一旦焊缝视觉传感器能发展到替代人类视觉的水平，焊接智能化就有望发展到新的阶段。从当前技术发展层面来看，国内自动化焊接技术已经朝自动化、智能化方向发展，在技术体系方面初步达到成熟应用阶段。目前，自动化焊接技术工艺主要表现在以下方面：一方面，高效节能型焊接设备应用广泛且效果较佳；同时，在焊接操作方式的应用方面更加简化。另一方面，焊机设备种类多样化，并成功应用于多个领域当中。随着机器人技术的不断发展，焊接自动化设备已经成功应用于不同的焊接生产当中，焊接部件的生产效率与生产质量都得到了显著提升。

1.2.2　焊接自动化发展趋势

未来焊接自动化技术的发展趋势主要表现在以下几个方面：

（1）焊接过程控制系统的智能化

焊接过程控制系统的智能化是焊接自动化的核心问题之一，也是未来研究的重要方向。通过传感器检测焊接过程中与焊接质量相关的信息，由计算机对焊接过程进行模糊控制、神经网络控制，实现对焊缝的精准追踪，焊接参数的调整，实现良好的焊接质量是未来焊接自动化需要提升的重点方向。

（2）焊接过程柔性化

焊接过程的柔性化即要求焊接自动化生产过程中在程序设置方面，不应该只局限于某一种产品的生产，而是应该针对多种不同规格的产品类型进行实践生产。将各种光、机、电技术与焊接技术有机结合，实现焊接路径自动规划、轨迹自动矫正、熔深自动控制等，从而实现不同产品的焊接。

（3）焊接设备精密化

目前，精密化已经成为自动化焊接技术的发展方向。究其原因，主要是因为自动化焊接技术可以成功应用于多个行业领域当中，其中包括精密仪器制造行业等。这部分制造生产过程对产品的精度要求较高，因而对生产设备的精度要求也较高。为确保制造生产过程得以顺利进行，要求生产技术人员应该不断加强自动化焊接技术深度与精确度，尤其重点确保生产设备的精密化效果。

1.3 焊接自动化的关键技术及其特点

（1）焊接自动化的关键技术

在焊接自动化及生产中，每位操作人员都应熟悉并掌握其关键技术，才能更好地控制焊接过程，从而实现良好的焊接质量。焊接自动化的关键技术主要包含以下几方面：

① 机械技术，是指利用有关机械设备进行传递运动的技术，机械设备种类丰富，不仅包括运输装置、固定装置和转换装置这些常见的种类，还包括焊接机器人或是操作机这类先进的装置。这些装置是配合焊机进行自动焊接的，它具有以下作用：快速准确地进行焊件的装夹及定位；将焊接变形消除或控制在一定范围内；使焊件尽量处于最有利的施焊位置；合并焊接工序，减少焊接工位；控制焊枪与工件的运动，实现不同工况的自动焊接。焊接机械装置在结构、质量大小、体积、刚性与耐用性方面对焊接自动化都有重要的影响。机械技术中还应考虑如何与焊接自动化相适应，应用相关的新技术来更新观念，实现焊接机械结构、材料、性能以及功能上的变化，减小质量、缩小体积、提高精度和刚度、改善性能、增加功能，从而满足现代焊接自动化的要求。

② 传感技术，是指在自动化焊接过程中即时感知并检测运动轨迹是否正常的技术。这一过程的传感技术相较于其他传感技术要具有独特的优势，也即能够在恶劣的环境中准确地进行检测。传感与检测是实现闭环自动控制、自动调节的关键环节。传感器的功能强，系统的自动化程度就越高。焊接自动化中的传感器有多种，其中与机械运动量相关的传感器主要分为位置、位移、速度、角度等传感器。由于焊接环境恶劣，一般的传感器难以直接应用。焊接自动化中的传感技术就是要发展严酷环境下，能快速、精确地反映焊接过程特征信息的传感器。

③ 自动控制技术，是指自动化焊接实施的基本控制技术，也就是这一焊接过

程要如何进行，需要合理设计和实施自动控制技术，实现高质量、高效率的自动化系统。在焊接自动化系统中，控制器是系统的核心。控制器的作用主要是负责焊接自动化中的信息处理与控制，包括信息的交换、存取、运算、判断和决策，最终给出控制信号，通过执行装置使焊接机械装置按照一定的规则运动，实现自动焊接。目前，工控机、PLC等构成的控制器越来越普遍，从而为先进的控制技术在焊接自动化中的应用创造了条件。

焊接自动化中，机械装置运动的控制可以分为顺序控制和反馈控制两大类。其中顺序控制即通过开关或继电器触点的接通和断开来控制执行装置的启动或停止，从而对系统依次进行控制的方式；反馈控制即被控制量为位移、速度等连续变化的物理量，在控制过程中不断调整被控制量使之达到设定值的控制方式。

自动控制技术分为硬件控制技术和软件控制技术。利用适当的硬件与软件结合进行控制，可以实现各种复杂的平面、空间曲线焊缝的焊接。这里所说的软件控制技术不仅是软件语言及其管理方面的技术，而是包括了考虑如何根据传感器检测信号使执行装置和机械装置按照焊接工艺过程的要求很好地运动，并编制出能够实现这种目标的软件程序的技术。

④ 伺服传动技术，是指对自动化焊接过程所需动力来源进行控制，这里所讲的动力源主要是一些带动装置。这些带动装置有利用电能的电动机（包括直流电动机、交流电动机和步进电动机等），也有利用液压能量或气压能量的液压驱动装置或气动装置等。控制带动装置的技术即伺服传动技术。伺服传动技术对系统的动态性能、控制质量和功能具有决定性的影响。

随着电力电子技术的发展，驱动电动机的电力控制系统的体积越来越小，控制也越来越方便，随着交流变频技术的发展，交流电动机在焊接自动化系统中的应用越来越普遍。目前，直流电动机和交流电动机都能够实现高精度的控制。可实现高速度、高精度控制是电动机作为焊接自动化系统中执行装置的一个重要特点。气动执行装置往往要利用工厂内的气源，是一种结构简单、使用方便的执行装置。但是，用气动执行装置实现高精度的控制比较困难，在焊接自动化系统中，主要应用于焊件的工装夹具。液压执行装置在焊件的工装夹具中的应用越来越普遍，在机器人的手臂驱动装置中也经常被采用。虽然需要液压站系统，但可以由简单的结构实现大功率驱动。

⑤ 系统技术，这是一个整体概念，就是对自动化焊接的各个功能模块进行系统设计。从系统的目标出发，将整个焊接自动化系统分解成若干个相互关联的功能单元。以功能单元为子系统进一步分解，生成功能更为单一的子功能单元。逐层分解，直到最基本的功能单元。以基本功能单元为基础，实现系统需要的各个功能的设计。接口技术是系统技术中的一个重要方面，它是实现系统各部分有机

连接的保证。接口包括电气接口、机械接口、人 - 机接口。电气接口实现系统各个功能单元间电信号连接；机械接口实现不同机械装置之间的连接以及机械与电气装置之间的连接；人 - 机接口提供了人与系统之间交互作用的界面。

（2）焊接自动化的特点

现代焊接自动化的特点主要表现在以下几个方面：

① 数控化　目前在焊接装备控制系统中，已普遍采用基于 PLC 可编程序控制器、工业控制机的自动控制系统，对焊接设备进行数字化控制。这不仅提高了焊接装备自动控制的功能、精度、效率，确保了焊接质量，改善了操作环境，也为焊接装备的网络化控制提供了条件。焊接装备数控化的关键是合理应用计算机控制器、伺服电动机、焊接传感器，特别是视觉焊缝图像传感器等先进手段，将其组合成实用的自动焊接装备。

② 专机化　为提高自动化焊接设备的焊接质量与生产效率，焊接装备按工艺要求已发展为各种专用自动焊接装备，如单丝和多丝埋弧焊装备、单丝或双丝窄间隙埋弧焊装备、MIG/MAG 焊头和带极堆焊头等，也可与滚轮架、变位器或翻转机配套以完成筒体内外纵环缝、封头拼接缝、内缝堆焊、大直径接管环缝的自动焊接。

③ 精密化　精密化的内涵包括高精度、高质量和高可靠性。以与焊接机器人配套的焊接变位机为例，最高的重复定位精度为 ±0.05mm，机器人的重复定位精度可达 0.02mm，精密操作机的行走机构定位精度为 ±0.1mm，移动速度的控制精度为 ±0.1%。

④ 大型化　焊接装备的大型化是焊接结构向高参数、重型化和大型化发展的需要。如重型厚壁容器焊接中心的立柱横梁操作机的最大规格已达 12.5m×10m，龙门式操作机的规格为 8m×8m，大型造船厂使用的门架式钢板纵缝焊机最大行程为 12m，集装箱外壳整体组装焊接中心门架式操作机的工作行程达 16m，重型日用型钢和箱形梁生产线占地面积可达整个车间。

第2章

自动控制

2.1 自动控制基础

2.1.1 基本概念

控制是指利用控制装置使生产过程或被控对象的某些物理量按照特定的规律运行。

控制系统一般包括给定环节、比较环节、控制环节、反馈环节和被控对象。如图2-1所示为常规的控制系统框图。给定环节将目标值作为比较环节的输入信号，将输入信号与反馈量相比较得到偏差信号；控制环节分为调节部分和执行部分，调节部分根据偏差信号产生控制信号，并传送至执行部分，执行部分根据控制信号作用于被控对象，对被控量进行调节；反馈环节检测被控量并对检测信号进行处理，反馈到比较环节与给定量进行比较。要求实现自动控制的机器、设备或生产过程称为被控对象。

自动控制是指在没有人直接参与的情况下，利用控制装置，使被控对象（如机器、设备或生产过程）的某些物理量（如电压、电流、速度、位置、温度、流量等）自动地按照预定的规律运行（或变化）。

图2-2为焊接回转工作台转速自动控制系统示意图。虚线框图部分为该系统的转速自动控制模块。在转速自动控制中，采用转速传感器进行实际转速的检测，并将转速信号转换为电压信号。当实际转速与给定转速不同时，反映实际转速的电压信号 U_2 与反映给定转速的电压信号 U_1 也会不同。两者相减，得到偏差信号

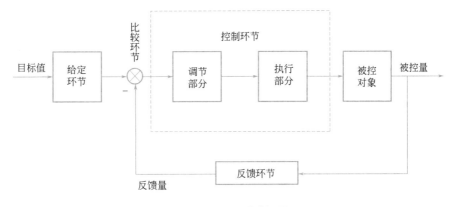

$\Delta U=U_1-U_2$。ΔU 经电压及功率放大后，送入电动机的驱动与换向装置，控制调压器调节电动机的转速及旋转方向，进而调控工作台转速，使其保持恒定。在此控制过程中，没有人的参与，是通过自动控制方法使焊接回转台保持恒定转速的。

图 2-1　控制系统框图

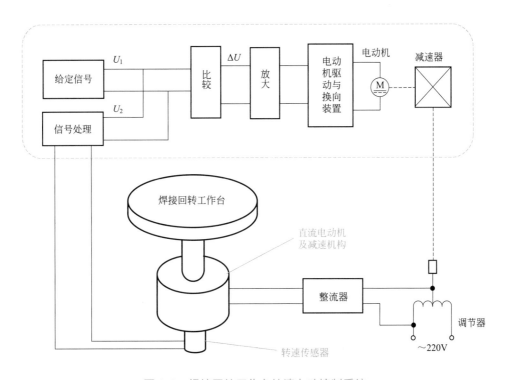

图 2-2　焊接回转工作台转速自动控制系统

　　图 2-2 所示系统，当忽略焊速工作台的虚线部分，由人工直接对焊接回转工作台进行操作时，即为人工控制。人工控制焊接回转工作台转速的过程：操作者通过测速计获得焊接转台的转速，与所要求的转速（给定值）进行比较，获得二者

之间的差值，又称为偏差值。根据偏差值的大小与方向，旋转调压器的手轮，调节其输出电压，进行转速控制，以保证焊接回转工作台焊接过程中的转速恒定。

综上所述，人工控制与自动控制的控制过程是相同的，均由测量、比较、调整三个环节组成。区别在于自动控制是通过机器代替人工来进行"求偏与纠偏"，进而实现控制过程的。

2.1.2　焊接自动控制系统的分类

焊接控制系统常用的分类方法有以下几种。

（1）按照给定信号的形式

焊接控制系统可分为恒值控制系统、伺服系统和程序控制系统。

① 恒值控制系统中系统的输入（给定）量为恒定值，对应的输出量也保持恒定。输入量的恒定值随控制的要求可以进行调整。输入量调整后变成一个新的恒定值输入量，于是能得到一个新的并与之对应的恒定输出量。如恒温箱控制系统、焊接中的等速送丝控制系统、焊接小车行走等速控制系统等都是恒值控制系统。

② 伺服系统中，系统的输入量是预先未知并随时间变化的给定量，伺服系统的输出量能够迅速而准确地跟随变化着的输入量。伺服系统的任务是使被控变量按同样的规律变化并与输入信号的误差保持在规定范围内。导弹发射架控制系统、雷达天线控制系统都是典型的伺服系统。焊接中的焊缝自动跟踪系统也是伺服系统。

③ 程序控制系统是输入量和输出量按预定程序变化的系统。程序控制系统的输入量往往是预先已知并随时间变化的给定量。程序控制系统中的输入信号按已知的规律变化，要求被控变量也按相应的规律随输入信号变化，误差不超过规定值。一般应用于数控焊接、数控机床、机械手运动控制、焊接或切割机机头与工作台的移动控制等结构中。

（2）按系统是否符合叠加原理

焊接控制系统可分为线性系统和非线性系统。

线性系统是指同时满足叠加性与均匀性的系统。所谓叠加性是指当几个输入信号共同作用于系统时，总的输出等于每个输入单独作用时产生的输出之和；均匀性是指当输入信号增大若干倍时，输出也相应增大同样的倍数。不满足叠加性和均匀性的系统即为非线性系统。线性系统是指对于所有可能的初始状态和输入变量，对应的状态变量和输出变量都满足叠加原理的系统。线性系统的动态性能可以用线性微分方程描述。一个由线性元部件所组成的系统必是线性系统。线性系统的表达式中只有状态变量的一次项，高次、三角函数以及常数项都没有。

① 非线性系统：一个系统，如果其输出不与其输入成正比，则它是非线性的。非线性系统的特征是叠加原理不再成立。非线性系统的动态性能只能用非线性微分方程描述。一切不是一次的函数关系，如一切高于一次方的多项式函数关系，都是非线性的。由非线性函数关系描述的系统称为非线性系统。系统中只要有任意一个非线性环节就是非线性系统。

② 线性系统有规律可循，只需要找到系统的一部分就可以推算出其他部分，非线性系统规律无迹可寻，而实际系统中总会含有一定数量的非线性环节，因此理想的线性系统是不存在的。但是，如果系统非线性特性在一定条件下，或在一定范围内呈现线性特性，则可以将它们看成线性系统，用线性系统的控制理论对其进行分析或控制。

（3）按系统中信号传递的形式

焊接控制系统可分为连续系统和离散系统。

① 连续系统是系统状态随时间作平滑连续变化的动态系统，连续系统内各处的信号都以连续的模拟量传递，其运动方程可以用微分方程来描述。当微分方程的系数为常数时称为定常系统，当系数随时间而变化时则称为时变系统。

② 离散系统内某处或数处信号是以脉冲序列或数码形式传递，其运动方程只能用差分方程来描述。在时间的离散时刻上取值的变量称为离散信号，通常是时间间隔相等的数字序列。离散系统状态的改变通常是由某些环境条件的出现或消失，某些运算、操作的启动或结束等随机事件驱动而引起的。由于其状态空间缺乏可运算的结构，难以用传统的基于微分或差分方程的方法来研究，利用计算机仿真进行实验研究常常是主要的方法。

在焊接自动化程序控制系统中大多采用的是离散控制系统。

2.2　自动控制原理

2.2.1　反馈控制原理

在自动控制系统中，偏差通常是通过反馈建立的。给定量称为控制系统的输入量，被控制量称为系统的输出量。反馈是指输出量通过检测装置将其全部信号或其中的一部分返回输入端，与输出量进行比较，比较的结果称为偏差。控制系统根据偏差的大小进行控制，其目的是减小或消除偏差。这种基于反馈的"检测偏差用以纠正偏差"的控制原理称为反馈控制原理，该原理是自动控制中普遍应用的控制理论之一。

反馈控制原理有两个主要的特点：一是反馈存在；二是根据偏差进行控制。应用反馈控制原理构建的系统称为反馈控制系统。

2.2.2　正反馈和负反馈

如图 2-3 所示为正（负）反馈控制原理图，当反馈信号与基准输入信号符号相同时，称为正反馈。当反馈信号与基准输入信号符号相反时，称为负反馈。正反馈可以促进或加强控制部分的活动，加大信号。负反馈可以抑制或减弱控制部分的活动，减小信号保持稳定。例如，当输出电压增大时，正反馈的信号可以促使输出电压进一步增大；而负反馈的信号可以促使输出电压降低。在自动控制系统中，为了保证系统的稳定。其主反馈一定是负反馈。反馈环节的核心是传感器，控制器的核心是控制方法和控制规律。

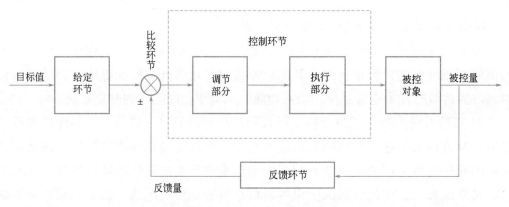

图 2-3　正（负）反馈控制原理图

2.2.3　开环控制系统和闭环控制系统

焊接自动化系统中常用的控制形式有开环控制和闭环控制两种。

（1）开环控制系统

开环控制系统的输出端与输入端之间无反馈通道，即系统的输出量不影响系统的控制作用，该控制称为开环控制，相应的系统称为开环控制系统。

当给定输入信号一定时，输出量的期望值一定。当系统受到干扰信号的影响，使传输信号偏离了原来的设定值时，该系统不具有使信号恢复的能力。典型的开环控制系统的框图如图 2-4 所示。在开环控制系统中，只有从输入端到输出端的信号作用路径，而没有信号的反馈路径。

图 2-4　典型开环控制系统

图 2-5 所示的直流电动机速度控制系统（如焊接小车行走速度自动控制系统）就是开环控制的一个实例。在此系统中，被控量即输出量是电动机 M 的转速 n。由于控制系统的输出电压 U_m 仅由输入电压 U_g 所决定，而不受输出量转速 n 的影响，因此给定输入电压 U_g，就确定了对输出量 n 的期望值。系统的框图如图 2-6 所示。

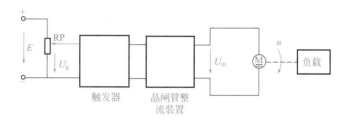

图 2-5　直流电动机速度控制系统原理图

图 2-6　直流电机速度控制系统框图

开环控制在工程实际中用得非常普遍，例如弧焊变压器就是开环控制系统。采用弧焊变压器进行焊条电弧焊接时，由于手工操作引起焊接电弧的弧长发生变化，于是焊接电流、电压随之发生变化。但是这种变化不会使弧焊变压器的给定值发生变化，也不会使弧焊变压器的外特性发生变化，也就不可能对弧焊变压器的输出参数进行恒值控制。某些数控焊接或切割设备的进给系统也是开环控制系统。在事先编制的软件程序所确定的指令下，由进给系统带动行走机构及焊枪或割炬进行焊接或切割。由于某种干扰使行走轨迹发生偏差，其偏差值不能反馈到输入端，改变行走的程序指令，因此不会对焊枪或割炬的行走轨迹产生影响。

开环控制系统的优点是控制系统结构简单、调整方便、系统稳定性好、成本低。其缺点是当控制过程受到扰动作用，使系统输出量受到影响时，系统不能自动进行调节。开环控制系统一般应用在输出量和输入量之间的关系固定，且内部参数或外部负载等扰动因素影响不大，或这些扰动因素产生的影响可以预计并能进行补偿。

开环控制系统的精度取决于系统校准的精度和系统中元器件特性的稳定程度。高精度开环控制系统必须采用高精度和高稳定性的元器件。

（2）闭环控制系统

闭环控制系统的输出与输入间存在着反馈通道，即系统的输出对控制作用有直接影响，该控制称为闭环控制，相应的系统称为闭环控制系统。

图 2-7 所示为直流电动机速度调节闭环控制系统原理图。图 2-7 中的 G 为测速发电机，它将电动机 M 的转速 n 变换成与其成正比的反馈电压 U_f，通过反馈电路反馈到系统的输入端，与给定电压 U_g 相比较，得到偏差信号 $\Delta U = U_g - U_f$。ΔU 经过放大器和触发器处理后，产生触发脉冲，控制晶闸管的导通角。晶闸管整流装置输出电压 U_m 取决于偏差 ΔU 的大小。运行时，如果因负载增加使电动机转速 n 下降，测速发电机 G 输出的电压减小，通过并联在测速发电机 G 两端的电位器 RP_2 分压，得到的反馈电压 U_f 随之减小。在给定电压 U_g 不变的情况下，由于反馈电压 U_f 减小，故偏差 ΔU 将增大。触发脉冲的相位前移，使晶闸管的导通角增大，整流输出电压 U_m 增大，电动机电枢两端电压提高，使电动机转速 n 恢复或接近扰动作用前的数值。该系统的框图如图 2-8 所示。

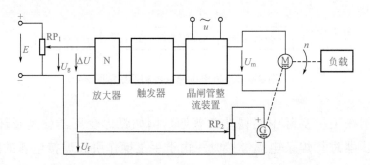

图 2-7　直流电动机速度调节闭环控制系统原理图

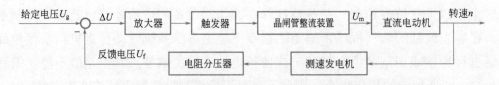

图 2-8　直流电动机速度调节闭环控制系统框图

闭环控制在工程实际中应用更加普遍。例如，晶闸管整流弧焊电源系统就是闭环控制系统。在电弧焊接时，焊接电弧的弧长发生变化，致使电弧电流发生变化，电流的变化通过电流反馈环节反馈到系统的输入端，使焊接电流的控制信号发生变化，导致弧焊电源整流器中的晶闸管的导通角发生变化，从而调节了电源的输出电流值，使焊接电流保证恒定不变。

　　闭环系统的主要优点是存在反馈，当有干扰使输出的实际值偏离给定值时，反馈控制作用可以减少这一偏差，因而闭环系统控制精度较高。其缺点是一般的闭环控制系统总存在惯性元件，当系统内部元件特性参数匹配不当时，将引起系统振荡，不能稳定工作。此外，由于闭环控制有检测、反馈比较、调节器等部件，因而使系统复杂，成本升高；引入反馈会使系统的增益有所降低。

　　闭环控制系统的精度不仅取决于系统校准的精度和系统中元器件特性的稳定程度，更取决于系统的反馈控制精度和系统内部参数的匹配。实践表明，一般精度的元器件组成的闭环控制系统可以具有高精度的控制特性。

（3）开环控制系统与闭环控制系统的比较

　　下面从三个方面对开环控制系统和闭环控制系统进行比较。

　　① 工作原理：开环控制系统不能检测误差，也不能校正误差。控制精度和抑制干扰的性能都比较差，而且对系统参数的变动很敏感，一般仅用于可以不考虑外界影响，或惯性小，或精度要求不高的一些场合。闭环控制系统抗干扰能力强，对外扰动（如负载变化）和内扰动（系统内元器件性能的变动）引起被控量（输出）的偏差能够自动纠正，主要用于干扰对系统影响较大、而系统输出特性要求较高的场合。

　　② 结构组成：开环系统没有检测设备，组成简单，但选用的元器件要严格保证质量要求。闭环系统具有抑制干扰的能力，对元件特性变化不敏感，并能改善系统的响应特性。

　　③ 稳定性：开环控制系统的稳定性比较容易解决。闭环系统中反馈回路的引入增加了系统的复杂性，给系统的设计与调试带来许多困难。

2.2.4　自动控制系统的基本特性

　　① 稳定性　稳定性是指系统处于平衡状态下，受到扰动作用后，系统恢复原有平衡状态的能力。稳定是系统正常工作的前提。为了使系统在环境或参数变化时还能保持稳定，在设计时应该留有一定的稳定裕量。而不稳定就是指系统失控，被控变量不是趋于所希望的数值，而是趋于所能达到的最大值，或在两个较大的量值之间剧烈波动和振荡。系统不稳定就表明系统不能正常运行，此时常常会损伤设备，甚至造成系统的彻底损坏，引起重大事故。所以稳定是对系统最基本又是最重要的要求。稳定性是系统的重要特性，同时也是控制原理中的一个基本概念。

　　② 稳态精度　稳定的系统在调节过程（暂态）结束后所处的状态称为稳态。

稳态精度常以稳态误差来衡量。稳态误差是指稳态时系统期望输出量和实际输出量之差。在一般情况下，系统的稳态误差越小，系统的稳态结果相对越好。

③ 动态品质　系统的被控变量由一个值改变到另一个值需要一段时间，存在一个变化过程，这个过程就称为过渡过程，此时系统表现出的特性称为动态性能。系统的动态品质直接反映了系统控制性能的优劣。控制系统的动态品质通常用动态响应指标来衡量，如调节时间、超调量、振荡次数等。系统的调节时间即系统动态响应时间，也就是系统受到干扰时对偏差进行控制调节的时间；超调量即系统动态响应最大值超出稳态值的部分相对于稳态值的百分数；振荡次数即系统动态调节过程中系统响应曲线波动的次数。调节时间反映了系统动态过程的快速性；超调量和振荡次数反映系统动态调节过程的平稳性。

如果要求一个系统中的被控变量 $c(t)$ 由 0 变到 1，加入对应的输入信号后，输出信号 $c(t)$ 的典型变化曲线如图 2-9 所示。图中曲线①和②表示稳定系统的响应，③和④是不稳定系统的响应。

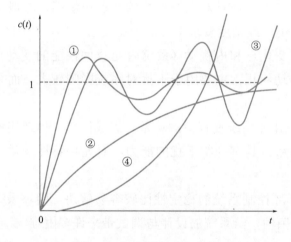

图 2-9　输出信号变化曲线

2.3　自动化焊接控制方法

2.3.1　控制方式及方法

焊接自动化中常用的控制方式包括位置控制、位移控制、速度控制、轨迹控制等。

① 位置控制　属于点位控制方式，一般用于点到点的控制，如自动焊接系统中的焊枪定位、多工位自动焊接中的工位转换、焊接定位焊、焊接起始点或终点控制等。

② 位移控制　属于连续轨迹控制方式，一般用于连续焊缝焊接的自动控制，如直线焊接位移控制、环形焊缝焊接位移控制等。

③ 速度控制　在自动焊中，根据焊接结构、焊接接头形式、焊接位置的变化，要求焊接速度等焊接参数是变化的，以此得到几何尺寸、焊接质量一致的焊缝。目前，在自动焊过程中，根据不同的结构，一般采用变速控制与等速控制相结合的控制技术。

④ 轨迹控制　主要用于对复杂空间曲线焊缝的运动轨迹进行控制，较多用于焊枪行走轨迹的控制，也有焊枪与焊件协同运动的轨迹控制。一般要求运动速度可控、轨迹光滑且运动平稳。轨迹控制中的重要指标是轨迹精度和平稳性。

比较常用的控制方法为 PID 控制以及模糊控制等智能控制方法。

2.3.2　PID 控制

（1）PID 控制原理

在焊接自动控制系统中最常用的控制策略是传统的 PID 控制策略，其原理如图 2-10 所示。

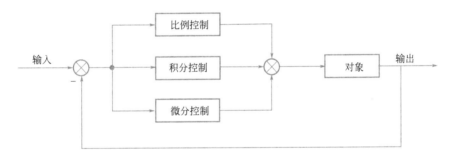

图 2-10　PID 控制原理

PID 控制是指比例（P）控制、积分（I）控制和微分（D）控制。

比例控制代表当前的信息，起纠正偏差的作用，使过程的动态响应迅速，是对于偏差 e 的即时反应。

微分控制是按偏差变化的趋势进行控制，有超前控制的作用，代表将来的信息，在动态调节过程开始时强迫系统进行动态调节，在动态调节过程结束时减小超调，克服振荡，提高系统的稳定性。

积分控制代表过去积累的信息，能消除系统的静态偏差，改善系统的静态特性。

PID 控制包含自动控制系统动态控制过程中过去、现在和将来的主要信息。

其控制的数学模型见式（2-1）。

$$u(t) = K_{\mathrm{P}}\left[e(t) + \frac{1}{T_{\mathrm{I}}} \int_0^t e(\tau)\mathrm{d}\tau + T_{\mathrm{D}} \frac{\mathrm{d}e(t)}{\mathrm{d}t} \right] + u_0(t) \qquad (2\text{-}1)$$

其中，K_{P} 为比例增益；T_{I} 为积分时间常数；T_{D} 为微分时间常数；t 代表时间；u_0 为控制量；u 是初始值；e 代表偏差。

式（2-1）表明，系统控制量 $u(t)$ 是偏差 $e(t)$ 的比例、积分、微分控制的组合。在 PID 控制中，K_{P}、T_{I}、T_{D} 等参数值直接影响着系统的动态性能。

① K_{P} 增大时，往往使整个系统的开环增益增大，有利于加快系统的响应，减小系统的稳态误差；但 K_{P} 过大，会使系统有较大的超调，并产生振荡，使系统稳定性变坏。

② T_{I} 增大将减小超调，减小振荡，改善系统动态过程的平稳性，但会使系统的快速性变差，并将减慢系统静态误差的消除。

③ T_{D} 增大将减小超调，加快系统的动态响应，提高系统的快速性和稳定性，但减弱系统抑制扰动的能力，使系统的稳态误差增大。

PID 三种作用配合得当，可以使系统的动态调节过程快速、准确、平稳。

（2）PID 参数整定

在整定 PID 参数时，应参考上述参数的特点，先比例、后积分、再微分，其步骤如下：

① 首先加入比例部分，将 K_{P} 由小变大，并观察相应的系统响应，直至性能指标满足要求为止。

② 如果静态误差不能满足要求，需要加入积分环节。首先取较大的 T_{I} 值，并略降低 K_{P}（如为原来值的 0.8 倍）；然后，逐步减小 T_{I}，反复调整 T_{I} 和 K_{P}，直至系统得到所需要的动态性能，且静态误差得到消除为止。

③ 如果经反复调整，系统动态过程仍不满意，可加入微分环节。T_{D} 从零开始，随后逐步增大。同时反复改变 K_{P} 和 T_{I}，反复调整三个参数，最后得到一组合适的参数。

因为比例、积分、微分三个环节的控制作用，可以相互调节、相互补偿，不同的 PID 控制参数组合可以获得相同的动态响应特性，所以 PID 控制的参数并不是唯一的。

在焊接自动化系统中要根据具体情况和要求，来选用 PID 的控制策略，可以单独采用 P 控制、I 控制、D 控制，也可以采用 PI、PD 以及 PID 控制。

（3）PID 控制器应用

PID 控制器是最经典的控制方法之一，它具有算法简单、不需要建立精确的受控对象模型、适用范围广、控制效果好等优点，在焊接的自动控制领域也有广泛的应用。

　　图 2-11 为铝合金脉冲 GTAW 过程熔池宽度控制系统的原理图。该系统通过 PID 控制器调节焊接峰值电流来控制熔宽，使熔池宽度稳定在一个期望值附近，进而获得成形质量良好的焊缝。图中，$W(t)$ 为通过视觉传感系统和图像处理获取的实时熔池宽度值，W_{set} 为根据经验值预设的熔池宽度期望值。以 $W(t)$ 与 W_{set} 的偏差值 $e(t)$ 作为 PID 控制器输入量，焊接电流 $I(t)$ 为 PID 控制器输出量，同时也是 GTAW 焊接系统的输入控制量。系统的 PID 控制器公式为：

$$\Delta I(k) = k_{p}[e(k) - e(k-1)] + k_{i}e(k) + k_{d}[e(k) - 2e(k-1) + e(k-2)] \qquad （2\text{-}2）$$

其中，$k_{p} = K_{p}$，$k_{i} = K_{i}T$，$k_{d} = K_{d}/T$。

图 2-11　铝合金脉冲 GTAW 过程 PID 闭环控制系统原理

　　以焊接电流阶跃时熔池宽度响应曲线为依据，进行系统辨识，可得到传递函数的系数：

$$K = 19.91，L = 0.15，T = 3.55$$

由此确定了被控对象的传递函数：

$$G(S) = \frac{19.91}{3.55s} e^{-0.15s} \qquad （2\text{-}3）$$

　　利用该传递函数进行 PID 控制仿真，对 PID 参数进行整定，获得 k_{p}、k_{i}、k_{d}。进行了多次焊接试验，对 PID 参数进行进一步的调节。

　　采用设计的 PID 控制器对焊接过程进行控制，在初始阶段就达到了比较理想的熔透状态，背面成形良好。焊接过程中熔池正面宽度稳定在设定值附近，焊道背面宽度也比较稳定，尾部也没有恒规范焊接中的焊漏情况，整体焊缝成形质量良好。实验说明，PID 控制器起到了比较理想的调节作用，可以确保焊接过程的稳定。

2.3.3　智能控制

　　焊接过程的复杂性和不确定性导致传统的 PID 控制在焊接过程控制中有一定

的局限性，因此智能控制技术在焊接自动化中的应用越来越多。

智能控制是采用智能化理论和技术驱动智能装置进行操作和控制的过程。目前在焊接自动控制中常用的智能控制技术有专家系统控制技术、模糊控制技术、神经网络控制技术等。

此外，智能控制系统还包括集成智能控制技术和组合智能控制技术。集成智能控制技术是将几种不同的智能控制技术和方法集成起来构成的控制，如模糊神经元网络控制、自学习模糊神经控制等都属于集成智能控制技术。组合智能控制技术是将智能控制与传统 PID 控制等组合起来的控制，如 PID 模糊控制、神经自适应控制等。

与传统控制相比智能控制具有以下基本特点：

① 智能控制能对复杂系统（如非线性、快时变、复杂多变量、环境扰动等）进行有效的全局控制，并具有较强的容错能力。

② 智能控制系统采用开闭环控制和定性决策及定量控制结合的多模态控制方式。

③ 智能控制系统具有变结构特点，具有自适应、自组织、自学习和自协调能力。

④ 智能控制系统具有足够的关于人的控制策略、被控对象及环境的有关知识以及运用这些知识的能力。

⑤ 智能控制系统有补偿及自修复能力和判断决策能力。

本部分重点介绍模糊控制系统。

模糊控制技术是以模糊集合化、模糊语言变量及模糊逻辑推理为基础的控制技术，是一种非线性控制。模糊控制技术具有较好的鲁棒性，优于 PID 控制的动态性能，在焊接自动化中已经得到了广泛的应用。

（1）模糊控制系统的工作原理

模糊控制系统的原理如图 2-12 所示。其中，模糊控制器由模糊化接口、知识库、推理机和模糊判决接口四个基本单元组成。

① 模糊化接口　测量输入变量（设定输入）和受控系统的输出变量，并把它们映射到一个合适的响应论域，然后精确的输入数据被变换为适当的语言值或模糊集合的标识符。本单元可视为模糊集合的标记。

② 知识库　涉及应用领域和控制目标的相关知识，它由数据库和语言（模糊）控制规则库组成。数据库为语言控制规则的论域离散化和隶属函数提供必要的定义。语言控制规则标记控制目标和领域专家的控制策略。

③ 推理机　推理机是模糊控制系统的核心。以模糊概念为基础，模糊控制信

息可通过模糊蕴涵和模糊逻辑的推理规则来获取，并可实现拟人决策过程。根据模糊输入和模糊控制规则，模糊推理求解模糊关系方程，获得模糊输出。

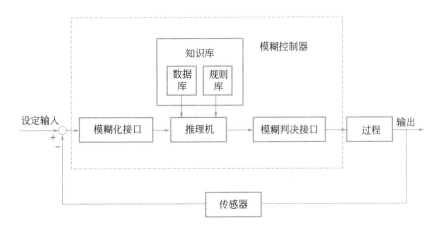

图 2-12　模糊控制系统原理

④ 模糊判决接口　起到模糊控制的推断作用，并产生一个精确的或非模糊的控制作用。该控制作用取值范围与控制量的取值范围有差异，因此精确控制作用必须进行逆定标（输出定标），一般通过平移及比例变化转换成控制量。

（2）在设计模糊控制器时必须考虑的内容与原则

① 选择模糊控制器的结构；
② 选取模糊控制规则；
③ 确定模糊化的解模糊策略；
④ 制定控制表；
⑤ 确定模糊控制器的参数。

模糊控制常用于焊接自动化控制过程，在一些管道、锅炉的单面焊双面成形焊接过程中，由于装配误差、预留间隙不均及焊接热变形等问题的存在，导致工件无法熔透，需要在焊接过程中对焊接电流、焊接速度、送丝速度等焊接参数进行实时的调控，这就需要使用模糊控制系统来实现。

以 TIG 焊熔透控制过程中使用的控制器为例，其基本策略是根据电弧长度的变化量来控制送丝速度的变化，从而调整焊接热输入，实现熔透控制。控制器的输入量为电弧长度误差 E 和误差变化率 dE，控制器输出为送丝速度 WS。其模糊控制系统如图 2-13 所示。

根据实验确定背面成形良好时对应的电弧长度范围，定义电弧长度的期望值，与实验过程中实时采集的电弧长度相比较，每幅图像可以得到电弧长度偏差值 E；通过相邻两幅图片得到的偏差值可计算出偏差值的变化量 dE。

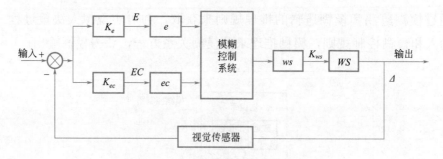

图 2-13 TIG 焊熔透模糊控制系统原理

紧接着进行模糊化处理，按照比例因子 K，依次将输入量电弧长度偏差值 E 和电弧长度偏差值变化量 $\mathrm{d}E$，以及输出量送丝速度 WS 的变化范围转化为相应的论域，其量化因子分别为 K_e、K_{de}、K_{ws}，变量 E、$\mathrm{d}E$、WS 尺度变换后的值分别以 e、$\mathrm{d}e$、ws 表示。输入值 e 和输出值 ws 采用两端 S 形中间三角的隶属度函数分布，输入值 $\mathrm{d}e$ 的隶属度函数分布全部采用平缓的梯形，如图 2-14 所示。

根据以上试验经验分析和隶属度函数分布情况制定了如表 2-1 所示的控制规则表。

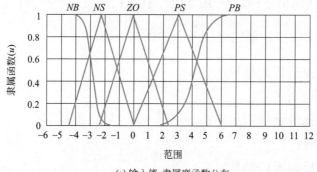

(a) 输入值 e 隶属度函数分布

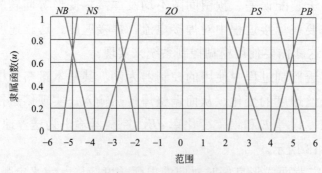

(b) 输入值 $\mathrm{d}e$ 隶属度函数分布

图 2-14 输入值隶属度函数分布

表 2-1　模糊控制规则表

e \ de	NB	NS	ZO	PS	PB
NB	NB	NS	ZO	ZO	PS
NS	NB	NS	ZO	ZO	PS
ZO	NB	NS	ZO	PS	PB
PS	NS	ZO	ZO	PS	PB
PB	NS	ZO	ZO	PS	PB

E 较小且 dE 较小时，将送丝速度尽快降低；E 较小且 dE 较大时，将送丝速度缓慢降低；E 较大且 dE 较大时，将送丝速度尽快升高；E 较大且 dE 较小时，将送丝速度缓慢升高；E 和 dE 均处于较为适中的大小时，应该主要考虑 E，次要考虑 dE，缓慢升高 / 降低送丝量或者维持当前送丝速度不变。

选用重心法进行解模糊计算，得到的清晰值 ws_0 经过比例因子转换为实际送丝速度 WS_0。设计完成的最终模糊控制系统的输入输出关系三维曲面图如图 2-15 所示。

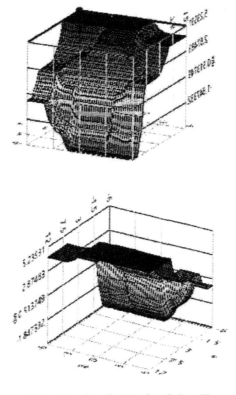

图 2-15　输入输出关系三维曲面图

第3章

机械结构

3.1 常规焊接设备机械结构

焊接设备的机械结构即用来完成焊件输送、工件装夹、焊接机头调整、焊件变位移动等配合自动焊机进行焊接的结构。通过电动机、液压机、气动机等装置控制送料机、焊接变位机、操作机及工装夹具等的运行。常规的焊接设备尽管应用场合、焊接工况有所不同，但这些设备的机械结构通常由以下几方面组成：

① 机架；

② 焊枪夹持和调整机构；

③ 焊件变位及移动机构；

④ 焊件夹紧机构；

⑤ 辅助装置，如焊丝支架、循环水冷系统、送气系统等。

本节将重点介绍机床式焊接设备机械结构、龙门架式焊接设备机械结构、焊接工装机械结构这三种比较常见且重要的焊接设备机械结构。

3.1.1 机床式焊接设备机械结构

机床式焊接设备是目前应用最为普遍且成熟的自动化焊接设备，主要应用于生产车间，对中小型待焊零件产品进行焊接，灵活性差，对某些特定零件或特定工艺焊接，效率比较高。

机床式焊接设备机械结构主要包括机架、焊枪夹持和调整机构、焊接变位及移动机构以及焊件夹紧机构等。

（1）机架

机床式焊接设备的机架主要用于安装焊接机头及其移动机构、焊件变位机和夹紧支撑机构等，应具有足够的刚度和加工精度。在设计机架时应进行机架强度和刚度的计算和校核，特别是悬臂式和立柱横梁式机架，应保证焊头在极限位置，并在最大的额定负载下，其下垂量不应超过 1/1000，机架可以采用型钢、板材等组焊而成，焊后去应力处理后再进行机械加工。

（2）焊枪夹持和调整机构

焊枪夹持和调整机构在自动化焊接过程中主要用于夹持焊枪并调节焊枪位置使其处于理想的施焊位置，对准待焊焊缝。焊枪位置的调节机构通常采用手动或电动十字拖板。如图 3-1 所示为两种不同的 TIG 焊枪夹持器和填丝机构。图 3-2 为一种调节焊枪位置的十字拖板形式。图 3-3 为一种焊枪转角调节器。

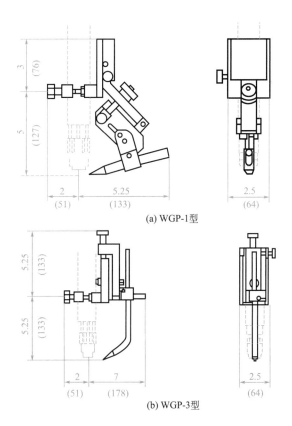

(a) WGP-1型

(b) WGP-3型

图 3-1 TIG 焊接焊枪夹持器和填丝机构

图 3-2　调节焊枪位置的十字拖板

图 3-3　焊枪转角调节器

1—调节手柄；2—转轴；3—手动十字滑块；4—焊枪夹持器；5—转角机构

（3）焊件变位及移动机构

自动化焊接设备中常见的变位机构是用于拖动待焊工件，使待焊焊缝运动到理想施焊位置以实现自动化焊接的各种机械装置。主要包括：翻转机、变位机、回转平台和滚轮架等。

① 翻转机　将工件绕水平轴转动或倾斜，使之处于有利装焊位置的焊件变位机构。主要适用于梁柱、框架、椭圆容器等的焊接。

② 变位机　将工件回转、倾斜，调整焊缝到有利施焊位置的焊件变位机械。主要用于机架、法兰、封头等非长形工件的翻转变位和焊接，也可用于装配、切割、检验等。

③ 回转平台　一种简化的变位机，它将工件绕垂直轴回转或者固定某一角度倾斜回转，主要用于回转体工件的焊接、堆焊与切割。

④ 滚轮架　借助主动滚轮与工件之间的摩擦力带动筒形工件旋转的焊接变位机械。主要用于筒形工件的装配与焊接，是锅炉容器生产中常用的工艺装备。

焊件变位机械的旋转速度可以分为空转速度和焊接速度。焊接速度的范围取决于所选的焊接工艺方法和工件直径范围。如图 3-4 所示为几种常见的焊件变位及移动机构。

(a) 焊接翻转机

(b) 焊接变位机构

(c) 焊接回转平台

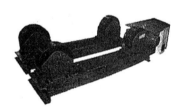

(d) 焊接滚轮架

图 3-4　焊件变位及移动机构

（4）焊件夹紧机构

焊件夹紧机构即自动化焊接设备中对待焊工件起到夹持紧固作用的机构，一方面可以使待焊工件处于良好的焊接及装配位置，另一方面能够控制或消除焊接变形，保证焊件焊接质量和提高焊接效率。通常焊件夹紧机构主要分为气动式及液压式。

气动夹紧机构是以压缩空气为传力介质，推动气缸动作的机构，其速度快，夹紧力比较稳定，操作方便，不污染环境，能实现程控操作，在组装、焊接生产上大量使用。

液压夹紧机构是以压力油为传力介质，推动液压缸动作，实现夹紧作用的机构。与气动夹紧机构相似，主要是传力介质不同，它可获得更大的夹紧力，一般比同结构的气压夹紧机构大十几倍甚至几十倍，液压夹紧机构动作平稳，耐冲击结构尺寸可以做得很小，通常用在夹紧力很大而空间大小受到限制的场合。

图3-5为一种气动式琴键压紧机构，主要用于薄板及薄壁筒体焊接过程的夹紧。

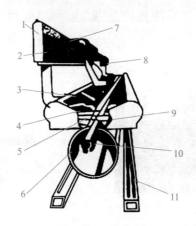

图3-5　琴键式压紧机构示意图

1—侧梁导轨；2—行走小车；3—对中机构；4—气压软管；5—琴键压指；6—衬垫；
7—电缆线支架；8—控制器；9—铜质压片；10—芯轴；11—脚踏控制线

图3-6所示为一种立柱横梁式机床焊接设备的结构示意图及左视图，其中1、2、6共同组成该设备的机架；8包括焊枪夹持及调整机构；9、10、11共同组成了横梁的横向移动机构；3、4、5为横梁的垂直移动机构；12、13、14、15共同组成了立柱的行走机构；横梁的横向及垂直移动机构与立柱的行走机构共同作用实现焊接装置的三向运动。

3.1.2　龙门架式焊接设备机械结构

龙门架式焊接设备隶属于机床式焊接设备的一种，其基本原理是将自动化焊接设备与龙门架式机械结构相结合，焊接机头吊装在龙门架横梁上，通过滑轨实现焊接位置的变换，可进行较大工件的焊接，广泛应用于船舶、车辆、采矿设备等大型部件的焊接。其机械结构主要包括：龙门式机架、齿轮齿条、焊接机头、X

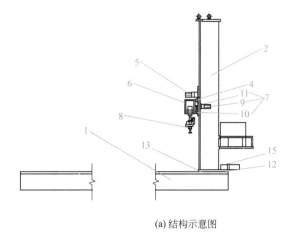

(a) 结构示意图

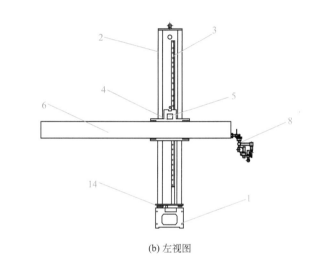

(b) 左视图

图 3-6　一种立柱横梁式机床焊接设备

1—固定底座；2—立柱；3—升降齿轮副；4—升降滑枕；5—升降驱动电机；

6—横梁；7—横向驱动装置；8—焊接装置；9—横移齿轮齿条副；10—横移直线导轨副；

11—横移驱动电机；12—行走机构；13—行走直线导轨副；14—行走齿轮齿条副；15—行走驱动电机

方向传动支承系统、Y 方向传动支承系统等。图 3-7 为一种龙门架式焊接设备的系统构成。其中 1 为底座；2 为传动齿轮齿条；3 为龙门架；4、5 分别为 X、Y 方向上的伺服电动机，为龙门架在 X 方向上运动及机头在 Y 方向上运动提供动力；6 为传动支承。这几部分构成了 XY 平面的工作台。 实际焊接过程中，根据待焊工件结构和焊接机器人的工艺范围对待焊工件进行划分，然后通过设定的程序对机器人的焊接顺序进行安排，机器人按顺序进行焊接操作，各个区域焊接完成后，整个工件即完成了焊接。该种形式的龙门架式焊接设备在保证焊接机器人精度的同时，又可以扩大其工作范围，对焊接区域及顺序进行合理划分，则可以有效地提高焊接效率，适用于车底盘及地磅框架等大型构件的焊接。

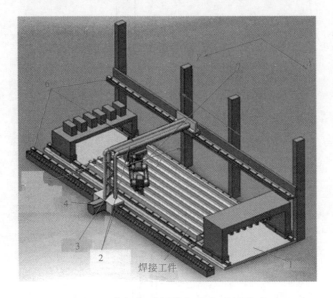

图 3-7　龙门架式焊接机器人系统构成

1—底座；2—齿轮齿条；3—龙门架；4—X 方向伺服电动机；

5—Y 方向伺服电动机；6—传动支承；7—焊接机器人

3.1.3　焊接工装机械结构

（1）焊接工装的定义及焊接工装夹具的特点

所谓的焊接工装即在焊接结构生产装配与焊接过程中起配合及辅助作用的夹具、机械装置或设备的总称。主要包括焊件变位及移动机构和焊接工装夹具等。其中焊件变位及移动机构在 3.1.1 小节有所介绍，本节主要介绍焊接工装夹具的特点及分类。

焊接工装夹具在自动化焊接过程中主要有如下几方面作用：

① 焊接工装夹具可以将零散的部件固定到合理的施焊及装配位置，避免焊接过程中部件位移，从而影响焊接质量，同时由于焊接工装夹具的紧固作用，可以有效地控制或消除焊接变形。

② 重复性强，可使手工操作转化为机械操作，减少人为因素造成的焊接装配误差，可实现相同焊接结构件的互换，提高焊接件精度。

③ 将装配和焊接相结合，缩短焊接工序的同时减少焊接辅助工序时间，无需人工反复测量定位，提高焊接生产效率，降低工人劳动强度，是实现焊接自动化必不可少的部分。

（2）焊接工装夹具的分类

在焊接结构生产中，装配和焊接是两道重要的生产工序，通常存在两种工艺方式：先装配后焊接；边装配边焊接。根据夹具在生产中作用的不同分为以下几种：用来装配以进行定位焊的夹具称作装配夹具；只用来焊接焊件的夹具称作焊接夹具；既用来装配又用来焊接的夹具称作装焊夹具。

根据使用对象的不同焊接工装夹具主要分为两种，一种是具有较大刚性的专用焊接工装夹具，另一种是具有较大柔性的通用焊接工装夹具。专用焊接工装夹具主要应用于批量较大、结构复杂、成本较高的机械结构的制造当中，其精度要求高，生产产品质量更为稳定。通用焊接工装夹具有较大的柔性，有着比较宽的工艺范围，以模块化组合夹具为主，主要用于中小批量、新品研发阶段机械装备结构件的生产制作。根据夹具动力源的不同可分为手动式、气动式、液压式、磁力式、真空式、电动式、混合式几种。通常一个完整的夹具一定包含定位器、夹紧机构、夹具体这三个部分，其中定位器和夹紧机构一般为通用结构，夹具体可根据焊接结构的不同做相应调整。

（3）焊接工装夹具的设计要求

① 焊接工装夹具既要满足夹紧工件的要求又要具有适当的刚性。在夹紧焊件后保证焊件位置固定不产生松动，同时避免刚性过大，产生较大的应力集中。

② 焊接工装夹具设计时要留有足够的装配、焊接空间，既满足操作观察，又不妨碍焊件装卸。同时设置合理的操作位置，减少操作频率。定位器和夹紧机构应与焊道保持适当距离，或布置在焊件的下方或侧面。夹紧机构的执行元件应能够伸缩或转位。

③ 夹具不应破坏焊件的表面质量，夹紧薄件和软质材料时，要控制力度，必要时加大压头接触面积，或添加衬垫。

④ 焊接工装夹具工作时主要承受焊接应力、夹紧反力和焊件重力。夹具的施力点应位于焊件的支承处或者布置在靠近支承的地方，要防止支承反力与夹紧力、支承反力与重力形成力偶。

⑤ 为了保证操作安全，应设置任何角度都能自锁的保护装置。

⑥ 注意各种焊接方法在导热、导电、隔磁和绝缘等方面对夹具提出的特殊要求。

⑦ 靠近焊接部位的夹具，应配备操作手把隔热装置，必要时配备防飞溅遮挡装置，以免焊接飞溅物损伤夹具部件表面。

⑧ 同一夹具上，定位器和夹紧机构的结构形式不宜过多，且尽量选择同一动力源。

⑨ 尽量选用已通用化、标准化的夹紧机构的零部件来制作焊接工装夹具。

如图 3-8 所示为一种汽车车门焊接工装夹具。该套焊接工装夹具整机控制采用 PLC 可编程控制器作为主控单元，工件压紧、工件旋转、焊枪下降、焊枪旋转、工件焊接、焊枪上升等动作可分别进行控制。PLC 能够支持键盘编程和现场修改程序，具有自动计数和异常状况自动报警功能，具有断电保护及自我检测功能，可与机器人协同作业。

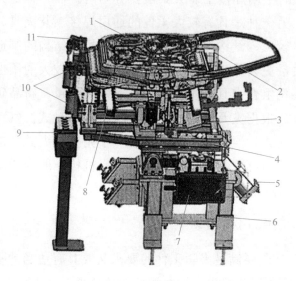

图 3-8　汽车车门焊接工装夹具

1—焊件；2—焊件工装夹具；3—夹具基座；4—变位机械；5—变位机械气缸；6—支持装置基座；

7—变位机械控制盒；8—工件传输带；9—夹持装置；10—PLC 控制系统；11—焊接工装

（4）焊接工装夹具的发展趋势

随着焊接结构在工业制造、机械生产等领域中的应用越来越广泛，对于焊接工艺、焊接技术、焊接效率以及焊接精密度的要求标准也日益提升。焊接工装作为自动化焊接中必不可少的一部分，其发展逐渐偏向柔性化、精密化、标准化及智能化。为了提高生产效率、焊接精度、操作灵活度，利用计算机辅助焊接工装夹具的设计是目前发展的趋势。焊接工装夹具的模块化、组合化以及夹具零件的标准化、系列化也是目前的发展趋势。

3.2　焊接机器人机械结构

焊接机器人是从事焊接的工业机器人，是在工业机器人的末轴法兰装接焊钳或焊（割）枪的，使之能进行焊接、切割或热喷涂的机器人。根据自动化技术发展进程，工业机器人可分为三类。第一类为示教再现型机器人，操作者直接或间接地将操作过程演示给机器人，并通过记忆单元将此过程记录下来，机器人通过示教器所传递的信息，在一定精度范围内重复再现操作过程，目前工业中大量应用的焊接机器人多属于此类。第二类机器人，通过传感器对作业环境进行一定程度的感知，并可通过反馈的感知信息对机器人行为进行控制。第三类机器人除感知反馈外，可通过计算机进行操作的设计、规划，目前尚未实际应用。

根据驱动形式的不同焊接机器人分为：关节式焊接机器人、导轨式焊接机器人。根据结构坐标系不同，焊接机器人可分为：直角坐标型、圆柱坐标型、球坐标型、全关节型等。根据工艺方法的不同可分为：点焊机器人、弧焊机器人、搅拌摩擦焊机器人、激光焊机器人等。

3.2.1　点焊机器人机械结构

点焊机器人是世界范围内应用较早的焊接机器人，早在 20 世纪 70 年代日本就已经将点焊机器人应用在了工业生产中。点焊机器人主要由机器人本体、点焊焊接系统及控制系统等部分组成。

（1）点焊机器人本体

机器人本体主要由操作机、控制系统和示教系统组成。操作机即机械手是机器人的执行机构，带动点焊焊钳实现焊接的过程，主要由机座、机械手臂和手腕、传动机构、驱动系统等组成；控制系统即根据作业指令程序及传感器反馈回来的信号控制操作机的各种运动轨迹，是焊接机器人的大脑；示教系统是机器人与人沟通的端口，通过示教系统将操作过程以信息的形式储存在存储器中，并反馈给机器人从而实现操作的再现。

其机器人本体通常采用关节式焊接机器人，也有部分直角坐标型机器人在生产中应用。直角坐标型机器人一般有 3 ～ 5 个自由度，通过沿 X、Y、Z 三坐标直线运动实现运动，其动作空间较小，焊件及焊接位置有限，优点是承载能力较强且简单经济。关节式焊接机器人一般具有 5 ～ 6 个自由度，几乎任何轨迹和角度都可通过关节的回转来实现，工作半径最大可达 3m，其优点是灵活度高，焊接精度高，可实现多种焊接结构的焊接，但随着工作半径的增加其承载能力要求也随之增加，造价较高。关节式焊接机器人的驱动方式主要分为液压驱动和电气驱动两种，其中电气驱动具有保养维修简便、能耗低、速度高、精度高、安全性高等优点，因此应用较为广泛。图 3-9 为一种关节型机器人操作机机械结构。

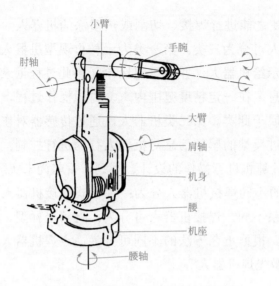

图 3-9　关节型机器人操作机机械机构

（2）点焊机器人焊接系统

点焊机器人的焊接系统（图 3-10）主要由点焊焊机、点焊钳、电极修磨器、焊接冷却系统及水、电、气等辅助部分组成。点焊焊钳按照外形的不同可分为 C 型和 X 型。C 型焊钳主要用于焊接垂直及近于垂直位置的焊缝；X 型焊钳主要用于焊接水平及水平位置的焊缝。按照驱动形式的不同分为气动型和伺服型。气动型焊钳通过气缸来实现焊钳的动作，焊钳共有大开、小开、闭合三种动作；伺服型焊钳通过伺服电机控制焊枪的开合。又可根据阻焊变压器与焊钳的结构关系将焊钳分为分离式、内藏式及一体式三种，图 3-11 为不同的点焊机器人焊钳示意图。

其中一体式焊钳是将变压器和钳体安装在一起，然后共同固定在机器人手臂末端的法兰盘上，优点是省掉了粗大的二次电缆及悬挂变压器的工作架，直接将焊接变压器的输出端连到焊钳的上下机臂上，机械结构简单，维护费用低、节能省电，缺点是焊钳重量显著增大、体积变大，对于焊接机器人的承载能力要求较高（一般承载力不低于 60kg）且焊钳可达性较差。

分离式点焊钳的特点是钳体和点焊电源相互分离，前者安装在机器人操作机手臂末端，而后者悬挂在机器人上方的悬梁式轨道上，并可在轨道上随着焊钳移动而移动，二者之间通过电缆相连，如图 3-11（b）所示。这种焊钳的优点是机器人本体手臂末端的负载较小、运动速度高、造价便宜。其缺点是能量损耗较大、工作空间和焊接位置受限、维护成本高（连接电缆需要定期更换）。

内藏式焊钳的变压器安装在机器人的手臂内，并尽可能地接近钳体，如

图 3-11（c）所示。变压器的二次电缆可以在内部移动，当采用这种形式的焊钳时，必须同机器人本体统一设计。其优点是二次电缆较短，变压器的容量可以减小，但是使机器人本体的设计变得复杂。

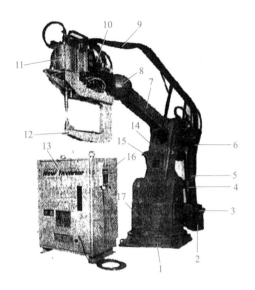

图 3-10　点焊机器人焊接系统

1—机座；2—直流伺服电动机；3—齿轮减速器；4—滚轮丝杠副；5—丝杠支架；6—腕部驱动系统；

7—上臂；8—腕部；9—电路、气路、水路和控制线路；10—焊接变压器；11—加压气缸；12—点焊钳；

13—逆变电源、控制柜；14—下臂；15—下臂俯仰驱动系统；16—编程操作盒；17—机身

随着焊接时间的增加，焊钳的电极帽表面会氧化磨损，需要修磨后才能正常使用，为了提高焊接的自动化程度和效率，一般点焊焊接系统会配备一台自动电极帽修磨器。电极帽自动修磨由机器人示教专门的程序来实现。修磨器由马达、修磨刀刃、支架等组成。

3.2.2　弧焊机器人机械结构

弧焊机器人是用于自动弧焊的机器人，其结构在点焊焊接机器人的基础上发展而来，系统组成与点焊焊接机器人类似，也包括机器人本体、焊接系统、控制系统等。弧焊机器人主要应用于结构钢和 CrNi 钢的熔化极活性气体保护焊，铝及特殊合金熔化极惰性气体保护焊（MIG），CrNi 钢和铝的加冷丝和不加冷丝的钨极惰性气体保护焊（TIG）以及埋弧焊。除气割、等离子弧切割及喷涂外，还实现了在激光焊接和切割上的应用。一套完整的弧焊机器人系统，主要包括机器人机械手及其控制系统、焊接装置、焊件夹持装置。夹持装置上有两组可以轮番进入机器人工作范围的旋转工作台。

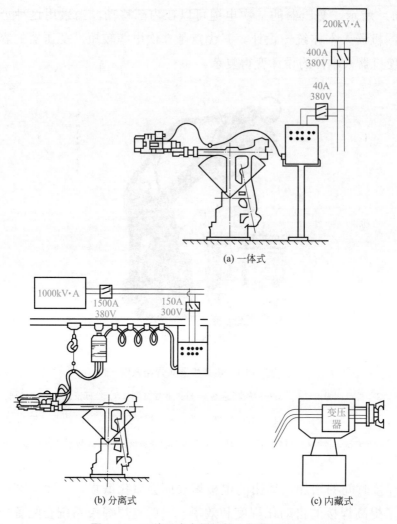

(a) 一体式

(b) 分离式

(c) 内藏式

图 3-11 三种形式点焊机器人焊钳示意图

（1）弧焊机器人机械结构

弧焊机器人的机器人本体通常有 5 个及以上的自由度，在控制系统的控制下各关节到达指定的坐标点，传感器检测相应的坐标信息，将反馈信息传递给控制系统，解析机械臂的位置与姿态是否到达相应位置，确认无误后进行相应的作业流程，可以满足焊枪的连续运动以及点位控制。弧焊机器人的本体主要由机身、臂部、腕部三部分组成。为了保证稳定性，机身需要安装在机座上，两者一般做成一体。在某些情况下需要机器人自由移动，则在机座下添加行走机构，如图 3-12 所示为一种具有行走机构的机器人系统。

关节型弧焊机器人的机身具有回转自由度，其臂部通常由大臂、小臂所组成，一般具有两个以上的自由度，如俯仰、回转等，以保证臂的端部能够到达其工作范围内的任何一点。弧焊机器人的腕部是连接焊接装置与臂部的部件，起支承的作用，为了使焊枪能处于空间任意方向，机器人的腕部通常具有三个自由度以实现回转、俯仰和偏转三种不同的运动。

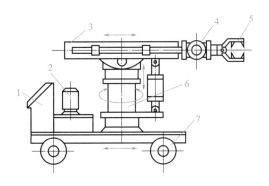

图 3-12　具有行走机构的工业机器人系统

1—控制部件；2—驱动部件；3—臂部；4—腕部；5—手部；6—机身；7—行走机构

图 3-13 为一种关节型机器人（MOTOMAN SV3）的自由度及作业范围。其机

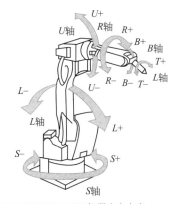

(a) MOTOMAN SV3 机器人自由度

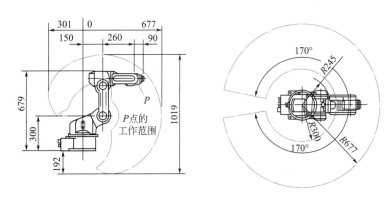

(b) MOTOMAN SV3 机器人工作范围

图 3-13　MOTOMAN SV3 机器人自由度及工作范围

身与臂部共有3个旋转自由度，分别为机身腰关节的回转（S轴）、大臂肩关节的摆动（L轴）和小臂肘关节的摆动（U轴）。机身的回转运动加上大臂和小臂的平面摆动，决定了机器人的空间工作范围。腰关节S轴在竖直方向上，整个机器人的活动部分绕该轴回转。S轴由交流伺服电动机驱动，通过摆线针轮传动减速器传到关节，使机器人上部相对于基座转动。肩关节L轴呈水平位置，大臂绕L轴旋转，由交流伺服电动机驱动，通过谐波齿轮减速器减速，使大臂相对于腰部回转。肘关节U轴呈水平位置，在大臂的上方，L轴由交流伺服电动机驱动，通过摆线针轮传动减速器减速传动到关节，驱动小臂绕L轴回转。

（2）弧焊机器人周边设备

弧焊机器人的焊接系统通常包括焊接电源、焊枪、焊接工装夹具以及自动送丝机构、水冷装置、剪丝装置等辅助机构。同时由于弧焊机器人作业时速度快，对操作人员有一定的危险性，需要加装安全防护设备及智能检测系统。除此之外，弧焊机器人还应配有行走机构及小型和大型移动机架。通过这些机构来扩大工业机器人的工作范围，同时还具有各种用于接收、固定及定位工件的专用胎具（见图3-14）、定位装置及夹具。在最常见的结构中，工业机器人固定于基座上，工件专用胎具则安装于其工作范围内。为了更经济地使用工业机器人，至少应有两个工位轮番进行焊接。所有这些周边设备的技术指标均应适应弧焊机器人的要求，即确保工件上焊缝的到位精度达到±0.2mm。以往的周边设备都达不到机器人的要求。为了适应弧焊机器人的发展，新型的周边设备由专门的工厂进行生产。鉴于工业机器人本身及胎具的基本构件已经实现标准化，所以，用于每种工件装夹、夹紧、定位及固定的工具必须重新设计。这种工具既有简单的，用手动夹紧杠杆操作设备；也有极复杂的全自动液压或气动夹紧系统。必须特别注意工件上焊缝的可接近性。根据胎具及工具的复杂性，机器人控制与外围设备之间的信号交换是相当不同的，这一信号交换对于工作的安全性有很大意义。

3.2.3 导轨式移动焊接机器人机械结构

导轨式移动焊接机器人隶属于现场作业焊接机器人的一种，焊接作业时要先依据工件的结构沿着焊缝铺设轨道，其次将带有焊炬的小车安装在铺设好的轨道上，利用齿轮齿条传动，沿轨道进行焊接。其结构主要由轨道、机器人本体、焊枪摆动机构、焊枪夹持机构、焊缝跟踪传感器等部分组成。

导轨式移动焊接机器人的轨道根据形状不同可分为：圆形轨道、直轨道、专用弧形轨道。根据轨道刚性不同又可分为：刚性轨道和柔性轨道。刚性轨道可以保证焊接机器人的平稳运行，焊接精度高，但是对于焊接工件形状要求较高，一

般应用于圆形轨道及平面工件的焊接。为了适应复杂焊接结构,可采用形状可变
的柔性轨道。其使用可消磁的磁力座固定轨道,方便安装拆卸,轨道长度可以任
意定制,焊接灵活度大大提升。如图 3-15 ～图 3-17 所示分别为直轨道、啮合式导
轨、柔性轨道焊接机器人系统。

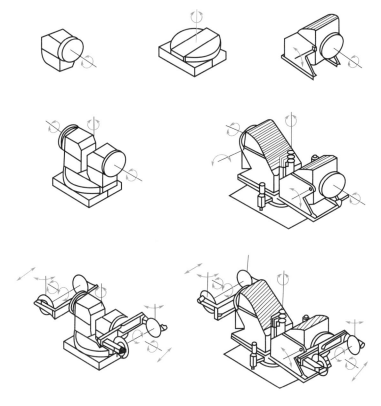

图 3-14　各种机器人专用胎具

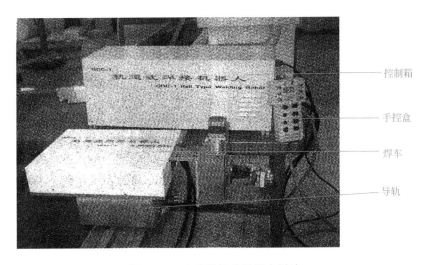

图 3-15　直轨道焊接机器人系统

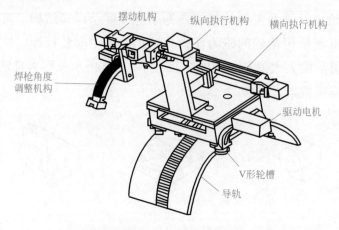

摆动机构　纵向执行机构　横向执行机构

焊枪角度
调整机构

驱动电机

V形轮槽

导轨

图 3-16　啮合式导轨管道焊接机器人

图 3-17　柔性轨道焊接机器人结构

机器人的行走机构一般安装在轨道上，是实现机器人本体沿轨道运动的驱动机构，其中焊接速度即为焊接小车的行走速度，为了实现各种轨迹及频繁启停，要选用性能良好的伺服电动机，保证运动精度和快速的响应。

为了实现焊接时焊枪的摆动以适应厚壁等结构的焊接，导轨式移动焊接机器人系统会增加焊枪摆动机构，来模仿人工作业，通常可实现"弓"字形、"之"字形、"点之"字形等多种轨迹。

焊枪夹持机构主要用于固定并调整焊枪位置及角度，一般要求既可以保证焊枪安装牢固，又要保证方便调整焊枪与焊缝坡口之间的相对位置，同时要求具有良好的绝缘性能。

3.3　水下自动焊接设备机械结构

随着经济的快速发展，我国对能源的需求也快速增长。海洋油气资源的开发已成为我国实现能源可持续发展战略的重点。水下工程构件，由于其特殊的工作环境，一般为大型厚壁部件组成，在工作中需要承受动载、腐蚀、低温、高压等条件，对于此类工程结构的维修通常需要采用水下焊接方式，过程较为困难，且对焊接质量要求严格。

水下熔焊方法主要分为湿法、干法、局部干法焊接三种。湿法焊接不采取隔水措施，依靠焊条燃烧产生的气体和水汽化后形成的气泡对焊接部位进行保护，一般用于不重要的焊接构件的修复；干法焊接是在密封舱中，利用高压气体排出舱内的水然后再焊接的工艺。干法焊接根据舱内的压力一般分为常压焊接和高压焊接，其中常压干法的舱内气压一般等同于大气压，对密封舱要求较高，焊接设备造价较高，适于深水的重要构件的焊接；局部干法焊接通过利用气体或水流等排开焊接电弧周围的水，使焊接电弧在一个移动的局部气相环境中燃烧，局部干法焊接的设备组成复杂，焊接质量较干法焊接质量低。目前水下自动焊接设备的发展主要集中在干法焊接及局部干法焊接自动化设备上。如图 3-18 所示为局部干腔形成示意图。

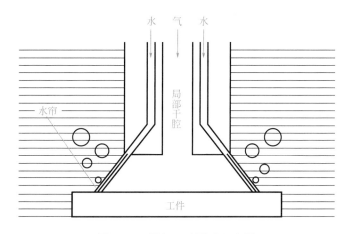

图 3-18　局部干腔形成示意图

3.3.1　局部干法自动化焊接排水装置

排水装置是局部干法焊接自动化设备中比较重要的部分。其作用是通过动态局部排水，进而建立水下干式高压环境，创造了干式焊接条件，使水下焊接时焊枪两个电极之间产生一个局部无水区域，创造出类似空气中焊接的环境，变湿法焊接为局部干法焊接，从而能使焊缝质量大大提高。最早投入使用的是水帘式排水装置，随后用钢刷代替水帘，目前移动式排水罩也投入生产使用。

排水罩结构如图 3-19 所示。它主要由排水罩体 1、小型焊枪 2 和微型水下焊接光纤窥视镜 3 组成，其中，排水罩体 1 主要由罩体上端盖 5、锁紧套 6、渗水套 7 和下端盖 8 构成，在其中设置有小型焊枪 2、微型水下焊接光纤窥视镜 3 和高压气体滤气装置 4；排水罩体 1 在水下放在排水海绵 10 之上，套上密封套 9，向体内通入高压气体，将水通过排水海绵 10 排出，即可进行水下局部干式焊接。

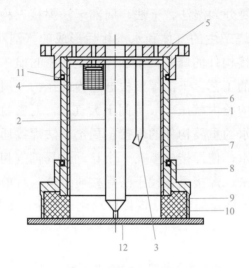

图 3-19　局部干法焊接排水罩机构示意图

1—排水罩体；2—小型焊枪；3—微型水下焊接光纤窥视镜；4—高压气体滤气装置；5—罩体上端盖；

6—锁紧套；7—渗水套；8—下端盖；9—密封套；10—排水海绵；11—密封圈；12—工件

3.3.2　水下高压干法自动化焊接排水装置

　　水下干式高压舱是隔绝水流为水下维修提供工作平台的排水装置，主要由外框架、内框架、干式舱舱体三部分组成，如图 3-20 所示为一种水下干式高压舱的外观。舱体下放时，需采用牢固可靠的舱架座底固定于水底，避免水流的影响；通常舱架座底的水平方向配置有防滑桩液压缸，防滑桩在液压缸的驱动下插入海底。然后利用对位装置，将高压舱外框架与待修部位对中固定，并将待修管段适当提升，舱体精确地骑跨在待修管段上。干式舱就位后，系统向舱内充入空气，水被排出，此时需要舱体有良好的密封性。

　　水下干式高压舱的机械结构详细介绍如下：

　　① 舱架座底。由于海底地形、地质以及水流的影响，吊放于海底的舱架位置和状态都有可能发生变化，而管线维修要求舱架基本水平，牢固座底，并保证稳定的状态和位置。牢固座底是舱架座底的基本要求，包括垂向和水平面两方面的要求。对于水平面，配置 4 个防滑桩液压缸，液压缸伸出时推动防滑桩插入海底；对于垂向，配置 4 个专用的触地开关，安装于舱架的 4 个撑脚上，用于测量撑脚

与海底的接触状态。

② 舱管对位。舱管对位包括外框架对位和干式舱对位，前者将外框架与待修管段对中固定，并将待修管段适当提升，后者将干式舱精确骑跨在待修管段上。为了实现外框架对位，在外框架艏艉两侧各装 1 个机械手，对于每个机械手，配置 1 个机械手伸缩液压缸、1 个管线接触开关和多个压力传感器。管线接触开关安装于机械手腕部，压力传感器在环绕机械手内侧布置。对接时，控制伸缩缸直至接触开关触发，然后机械手抓握管线进行提升。压力传感器提供机械手一定的触觉，保护管不受到破坏，并且对于直径较小的管线，可以感应其在机械手中的位置。

③ 密封及排水。密封是水下作业的重要环节，尤其是对于需要干式工作环境的系统。一方面，要求舱室壳体密封性好，才能在舱室内部形成压力空间，将海水逐渐压出舱室；另一方面，要求舱内耐压电子舱和水密接线箱密封性良好，防止传感器和电路浸泡在海水中而失效。

在干式舱就位后，潜水员打开舱门进入舱室，再关上并密封舱门，系统向舱内充气，海水在空气压力作用下，逐渐从干式舱底部被排出。当舱内水位降至 U 形口上沿时，潜水员操纵机械手握住并提升管道，使管道进入舱体 U 形口，再操作舱管密封机构，将管道包住并密封 U 形口。之后，系统继续向舱内注入空气，此时可以将海水排至舱体下沿，从而使受损管道脱离海水，形成干式压力工作环境。

图 3-20　水下干式高压舱

3.3.3　水下自动焊接机器人

水下自动焊接机器人大体也分为有导轨及无导轨两类，其中有导轨焊接机器人系统主要由以下几部分组成：行走轨道、行走小车、二维伺服调整机构、焊接系统等。轨道装夹在管子上供焊接小车行走和定位，小车通过伺服电动机驱动，通过齿轮传动系统沿着轨道上的齿条运动，并通过二维伺服调整机构调整与工件的同心问题。焊接系统包括：焊炬、焊炬摆动机构、送丝机构及焊缝追踪系统等。如图 3-21 所示为一种导轨式的水下 TIG 焊接机器人。

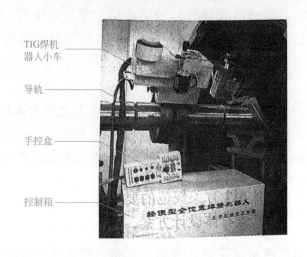

TIG焊机器人小车

导轨

手控盒

控制箱

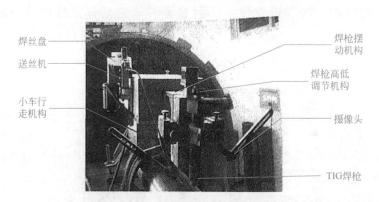

焊丝盘

送丝机

小车行走机构

焊枪摆动机构

焊枪高低调节机构

摄像头

TIG焊枪

图 3-21　导轨式水下 TIG 焊接机器人

　　水下无导轨焊接机器人主要由以下几部分组成：车体、柔性调整机构、磁轮表面接触检测机构、焊接系统、行走伺服电动机等。其中车体的行走采用磁轮式行走机构。车体左右各有一对磁轮，每对磁轮各由伺服电动机驱动，调整其左右轮相对行走速度，实现焊接小车的灵活行走。柔性调节机构包括左右两组磁轮、主板、十字链轴式链接机构与直流电动机，此机构的各个磁轮在 X、Y 方向上有一定的自由度，能保证各磁轮与工件表面自由接触。图 3-22 为一种水下无导轨焊接机器人的结构示意图。

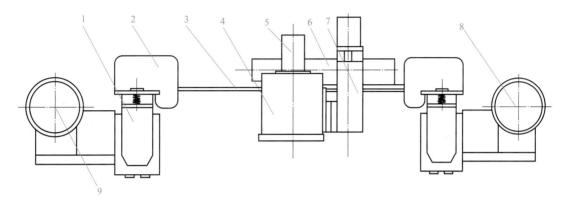

图 3-22　水下无导轨焊接机器人

1—柔性调节机构；2—磁轮表面接触检测机构；3—车体；4—水下局部焊接排水罩；5—焊枪及摆动器；

6—左右调节机构；7—高度调节机构；8,9—行走伺服电动机

第 4 章

传感技术

4.1 传感器

4.1.1 传感器的基本概念

传感器是以一定的精确度将被测量转换为与之有确定对应关系的、易于精确处理和测量的某种物理量（通常为电量）的测量器件或仪器。传感器在本质上是一种能将具有某种物理表现形式的信息变换成可处理信息的输入换能器。通过传感器获得信息，并将这种信息变换成与处理器兼容的形式。所以传感器又称为变换器、换能器、转换器、变送器或探测器等。

传感器一般由敏感元件、转换元件和基本转换电路三部分组成，如图 4-1 所示。

图 4-1 传感器系统框图

敏感元件：直接感受被测量，并输出与被测量有确定关系的物理量信号的元件称为敏感元件。如弹性敏感元件，它可将力转换为位移或应变输出。

转换元件：将敏感元件输出的非电物理量转换成电路参数量的元件称为转换元件。

基本转换电路可以将转换元件输出的电信号转换为便于显示、记录、处理和控制的有用电信号，如电压、电流、频率、脉冲等。

并不是所有的传感器都必须包括敏感元件和转换元件，敏感元件和转换元件两者合二为一的传感器是很多的。

焊接自动化中常用的传感器有视觉传感器、电弧传感器、超声波传感器等。

4.1.2 传感器的特性

传感器的特性是指传感器输出与输入的关系。

传感器的静态特性：当传感器检测静态信号时，即传感器的输入量为常量或随时间作缓慢变化时，其输出与输入之间的关系。

传感器的动态特性：传感器的输出量与相应随时间变化而变化的输入量之间的响应特性。

（1）传感器的静态特性指标

① 量程与范围：传感器能按规定精度测量的上限与下限的代数差称为传感器的量程。传感器能按规定精度测量的上限与下限的区间称为传感器的测量范围。超测量范围使用，传感器的检测性能会变差。

② 灵敏度：传感器输出的变化量 Δy 与引起该变化量的输入量变化 Δx 之比即为其静态灵敏度，它表示了传感器对测量参数变化的适应能力。表达如下所示：

$$k = \frac{\Delta y}{\Delta x} \tag{4-1}$$

传感器校准曲线的斜率就是其灵敏度。线性传感器，其特性的斜率相同，灵敏度 k 是常数。以拟合直线作为其特性的传感器，也可认其灵敏度为一常数，与输入量的大小无关。非线性传感器的灵敏度不是常数，应以 dy/dx 表示。由于某些原因，会引起灵敏度变化，产生灵敏度误差。灵敏度误差表示为

$$e_{\text{s}} = \Delta k / k \times 100\% \tag{4-2}$$

③ 线性度：指传感器输出量与输入量之间的实际关系曲线偏离拟合直线的程度。实际的传感器静态特性曲线往往是非线性的，与理论的线性特性直线有一定的偏差。其偏差越小，则其线性度越好。传感器都有一定的线性范围。在线性范围内，传感器的静态特性曲线成线性或近似线性关系。传感器的线性区域越大越好。线性度一般以满量程的百分数表示。

$$e_{\text{f}} = \frac{\Delta_{\text{m}}}{Y_{\text{FS}}} \times 100\% \tag{4-3}$$

④ 迟滞：传感器在输入量增加的过程（正行程）中和减少的过程（反行程）中，输出输入关系曲线的不重合程度称为传感器的迟滞。对于同一大小的输入信号，传感器的正反行程输出信号大小不相等，这个差值称为迟滞差值（图 4-2）。其表达式为

$$e_{\mathrm{H}} = \pm \frac{\Delta H_{\max}}{Y_{\mathrm{FS}}} \times 100\% \tag{4-4}$$

式中，$\Delta H_{\max}$ 为正反行程间输出的最大差值。

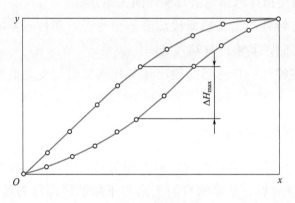

图 4-2 迟滞特性曲线

⑤ 重复性：传感器在同一条件下，被测输入量按同一方向作全量程连续多次重复测量时，所得输出 - 输入曲线不一致的程度。

如图 4-3 所示，正行程的最大重复性偏差为 $\Delta R_{\max 1}$，反行程的最大重复性偏差为 $\Delta R_{\max 2}$。重复性偏差取这两个最大偏差中的较大者为 $\Delta R_{\max}$，再以满量程输出 Y_{FS} 的百分数表示，即：

$$e_{\mathrm{R}} = \pm \frac{\Delta R_{\max}}{Y_{\mathrm{FS}}} \times 100\% \tag{4-5}$$

⑥ 分辨率：传感器能检测到的最小输入增量称为分辨率。只有当输入量的变化超过分辨率时，其输出才会发生变化。分辨率与传感器的稳定性有负相关性。

⑦ 精确度：表示传感器的测量结果与被测"真值"的接近程度。二者之差称为绝对误差，绝对误差与被测量真值之比称为相对误差。精确度一般用极限误差来表示，或者利用极限误差与满量程之比的百分数给出，如为 0.1、0.5、1.0 等级的仪表类传感器意味着它们的精确度分别是 0.1%、0.5% 和 1.0%。

⑧ 稳定性：传感器在长时间工作的情况下输出量发生的变化，有时称为长时间工作稳定性或零点漂移。测试时先将传感器输出调至零点或某一特定点，相隔 4h、8h 或一定的工作次数后，再读出输出值，前后两次输出值之差即为稳定性误

差。影响传感器稳定性的因素包括时间和环境。

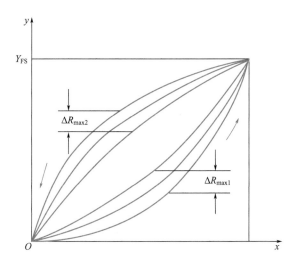

图 4-3　校正曲线的重复特性

⑨ 漂移：是指在输入量不变的情况下，传感器输出量随着时间变化，此现象称为漂移。传感器在零输入状态下，输出值的变化称为零漂。产生漂移的原因有两个方面：一是传感器自身结构参数；二是周围环境。

（2）传感器的动态特性

传感器的动态特性是指传感器对动态激励（输入）的响应（输出）特性，即其输出对随时间变化的输入量的响应特性。一个动态特性好的传感器，其输出随时间变化的规律（输出变化曲线），将能再现输入随时间变化的规律（输入变化曲线），即输出输入具有相同的时间函数。但实际上，由于制作传感器的敏感材料对不同的变化会表现出一定程度的惯性（如温度测量中的热惯性），因此输出信号与输入信号并不具有完全相同的时间函数，这种输入与输出间的差异称为动态误差，动态误差反映的是惯性延迟所引起的附加误差。设计传感器时，要根据其动态性能要求与使用条件选择合理的方案和确定合适的参数。使用传感器时，要根据其动态性能要求与使用条件确定合适的使用方法，同时对给定条件下的传感器动态误差做出估计。

在传感器的动态特性分析中，常采用正弦信号或阶跃信号的动态响应曲线，即输入信号为正弦变化的信号或阶跃变化的信号，其相应输出信号随时间的变化关系。

传感器的动态特性分析与控制系统的动态特性分析方法相同，可以通过时域、频域以及试验分析的方法确定。有关系统分析的性能指标都可以作为传感器的动态特性参数，如最大超调量、调节时间、稳态误差、频率响应范围、临界频率等。

4.1.3 常用检测电路

传感器输出的电信号一般都比较微弱，就需要采用一些电子电路加以处理和放大，以满足检测显示和控制的需要。一般地，不同的传感器根据自身的特点与检测和控制的目的，需要配备不同的信号检测和处理电路。本节重点介绍常用的传感器信号处理电路和信号转换电路。

（1）信号放大电路

传感器输出的信号通常比较微弱，需要进行放大处理。通常采用运算放大器电路进行信号的放大。

① 反相比例放大器　其电路原理如图 4-4 所示，其增益 K 如下所示：

$$K = \frac{U_o}{U_i} = -\frac{R_f}{R_1} \tag{4-6}$$

其中，平衡电阻 $R_2 = R_f // R_1$

反相比例放大器主要特点：集成运算放大器的反相输入端为虚地点，因为它的共模输入电压可视为零，优点是对运放的共模抑制比要求低；电路的输出电阻小，带载能力强。缺点是电路输入电阻小，对输入电流有一定要求。

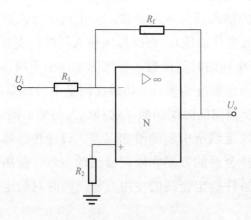

图 4-4　反相比例放大器电路原理

② 同相比例放大器　其电路原理如图 4-5 所示，其增益 K 为

$$K = \frac{U_o}{U_i} = 1 + \frac{R_f}{R_1} \tag{4-7}$$

其中，平衡电阻 $R_2 = R_f // R_1$

同相比例放大器的缺点是输入没有"虚地"，存在较大的共模电压，抗干扰的能力较差，使用时，要求运放有较高的共模抑制比；优点是由于串联负电压的反馈作用，输入电阻增大，可高达 1000MΩ；电路的输出电阻小，带载能力强。

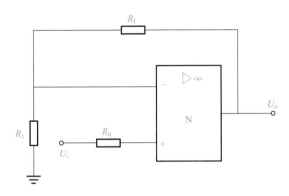

图 4-5　同相比例放大器电路原理

③ 电压跟随器　其电路原理如图 4-6 所示，它是同相放大器的特殊情况，即 $R_f = 0$。其增益 K 为：

$$K = \frac{U_o}{U_i} = 1 \tag{4-8}$$

电压跟随器的反馈系数等于 1，为深度负反馈。

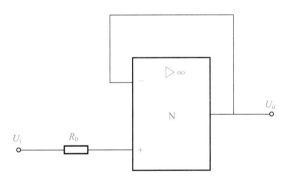

图 4-6　电压跟随器电路原理

④ 差动比例放大器　差动比例放大器又称减法器，其电路原理如图 4-7 所示。其输出电压 U_o 为

$$U_o = \frac{R_f}{R_1}(U_2 - U_1) \tag{4-9}$$

其中

$$\frac{R_f}{R_1} = \frac{R_3}{R_2}$$

差动比例放大器的输入信号既含有差模成分，也含有共模成分，而且后者往往大于前者。因此，差动比例放大电路的共模抑制比必须足够大。在电路中必须保证 $\dfrac{R_f}{R_1} = \dfrac{R_3}{R_2}$，否则差模放大器的共模抑制比会急剧下降。

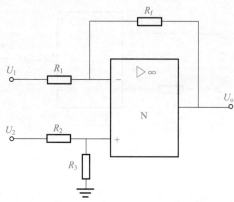

图 4-7　差动比例放大器电路原理

（2）信号处理电路

信号处理电路可以对传感器检测信号中包含的一些噪声或者与被测量无关的原始信号进行处理。常用的信号处理电路包括滤波、隔离、接地、屏蔽等电路。

① 滤波器　滤波器电路的功能是对频率进行选择，过滤噪声和干扰信号，让指定频段的信号能够比较顺利地通过，而对其他频段的信号起衰减作用。例如，低通滤波器使低频信号容易通过，而使高频信号受到抑制。

通带：使信号能够顺利通过的频带称为滤波器的通带。

阻带：使信号受到抑制而不能顺利通过的频带称为滤波器的阻带。

过渡带：通带与阻带之间的频带称为过渡带。过渡带越窄说明滤波器电路性能越好。

图 4-8 所示为低通滤波器的幅频特性示意图。图中，K_p 是通带电压信号的放大倍数。当滤波器的信号放大倍数 K 下降到 K_p 的 70% 时，其对应的频率称为通带的截止频率，记为 f_c。

从图 4-8 可知，滤波器对不同频率的信号有以下三种不同的作用：在滤波器的通带内，信号受到很小的衰减而通过；在滤波器的阻带内，信号受到很大的衰减而被抑制；在滤波器过渡带内，信号得到不同程度的衰减。

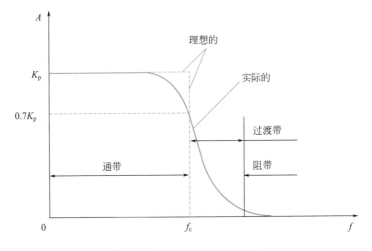

图 4-8　低通滤波器幅频特性

滤波器根据不同特性具有多种分类方法，根据滤波器的频率特性可分为低通滤波器、高通滤波器、带通滤波器和带阻滤波器四类；根据构成滤波器的元件类型可分为 RC、LC 或晶体谐振滤波器；根据滤波器的电路性质可分为有源滤波器和无源滤波器；根据滤波器所处理的信号性质可分为模拟滤波器与数字滤波器等。

在控制系统中，对于不同频率的输入信号，系统输出信号与输入信号的频率相同，而幅值不同，幅频特性即是系统输出幅值随频率变化的特性。在滤波器电路中可以采用滤波器的放大倍数与频率之间的关系来表示系统的幅频特性。图 4-9 所示为四种滤波器的幅频特性。

a. 低通滤波器　如图 4-9（a）所示，使信号中低于 f_c 的频率成分几乎不受衰减地通过，使高于 f_c 的频率成分受到极大地衰减。

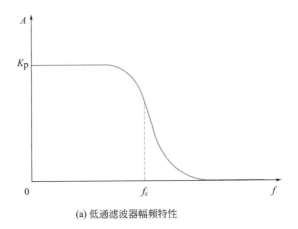

(a) 低通滤波器幅频特性

图 4-9

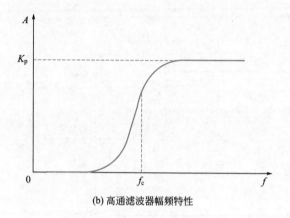

(b) 高通滤波器幅频特性

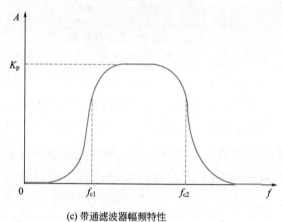

(c) 带通滤波器幅频特性

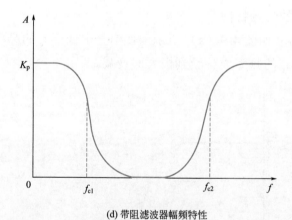

(d) 带阻滤波器幅频特性

图 4-9　四种不同滤波器的幅频特性

　　主要用于低频信号或直流信号的检测，也可以用于需要削弱高次谐波或频率较高的干扰和噪声等场合。应用于整流电路中的滤波环节等。

　　图 4-10 所示为一阶有源 RC 低通滤波器的典型电路。其截止频率 $f_c=1/(2\pi RC)$，

放大倍数 $K_p=K=1+R_f/R_1$，该电路不仅具有滤波功能，而且还有放大作用。它不仅可以隔离负载影响和提高带负载能力的作用，还可以提高系统的增益。

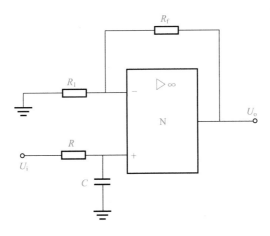

图 4-10　一阶有源 RC 低通滤波器的电路原理

图 4-11 所示为二阶有源 RC 低通滤波器，其截止频率 $f_c \approx 0.37/(2\pi RC)$，放大倍数 $K_p=K=1+R_f/R_1$。

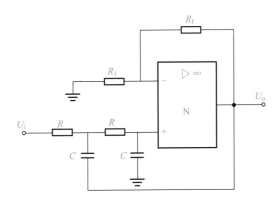

图 4-11　二阶有源 RC 低通滤波器电路原理

b．高通滤波器　与低通滤波器相反，它使信号中高于 f_c 的频率成分几乎不受衰减地通过，而低于 f_c 的频率成分将受到极大地衰减。

主要用于突出有用频段的信号，削弱其余频段的信号或干扰。应用于载波通信、超声波检测等方面。

图 4-12 所示为二阶有源 RC 高通滤波器电路，其截止频率 $f_c \approx 0.37/(2\pi RC)$，放大倍数 $K_p=K=1+R_f/R_1$。滤波器中的两个 RC 网络中的电阻电容不一定取相同的值，其截止频率 f_c 的计算将比较复杂。

c．带通滤波器　其通频带在 $f_{c1} \sim f_{c2}$ 之间。它使信号中高于 f_{c1} 而低于 f_{c2} 的频率成分可以几乎不受衰减地通过，而其他成分受到极大地衰减。

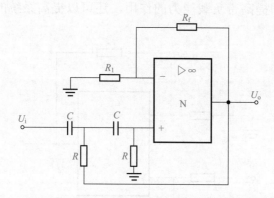

图 4-12　二阶有源 RC 高通滤波器电路原理

图 4-13 所示为一个具有放大作用的带通滤波器电路，它由 RC 低通、高通滤波器及同相比例放大电路组成。带通滤波器的中心频率 $f_0=1/(2\pi RC)$，K_p 为 $f=f_0$ 时的电压放大倍数。

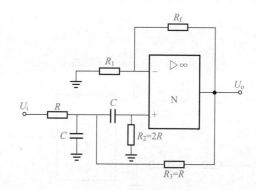

图 4-13　放大作用带通滤波器电路原理

由于带通滤波器的通带电压放大倍数 $K_p=K/(3-K)$，则滤波器中的同相比例放大电路的电压放大倍数 $K=1+R_f/R_1$ 需满足条件 $K<3$。

通带截止频率：

$$f_{c1}=\frac{f_0}{2}\left[\sqrt{(3-K)^2+4}-(3-K)\right] \qquad (4\text{-}10)$$

$$f_{c2}=\frac{f_0}{2}\left[\sqrt{(3-K)^2+4}+(3-K)\right] \qquad (4\text{-}11)$$

　　d. 带阻滤波器　与带通滤波器相反，阻带在频率 $f_{c1}\sim f_{c2}$ 之间。它使信号中高于 f_{c1} 而低于 f_{c2} 的频率成分受到极大地衰减，其余频率成分几乎不受衰减地通过。

图 4-14 所示为一种典型有源带阻滤波器电路。该滤波器的通带电压放大倍数 $K_p = K = 1 + R_f/R_1$

令：$f_0 = 1/(2\pi RC)$ 为该带阻滤波器的中心频率。其通带截止频率为：

$$f_{c1} = \left[\sqrt{(2-K)^2 + 1} - (2-K)\right]f_0 \tag{4-12}$$

$$f_{c2} = \left[\sqrt{(2-K)^2 + 1} + (2-K)\right]f_0 \tag{4-13}$$

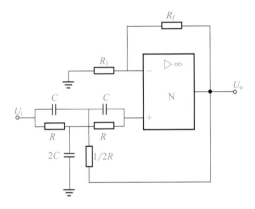

图 4-14　有源带阻滤波器电路原理

② 接地　电路或传感器中的"地"指的是一个等电位参考点，它是电路或传感器信号检测的基准电位点，与该基准点相连接，就称为接"地"。

③ 屏蔽　屏蔽就是利用低电阻材料或磁性材料把元件、传输导线、电路及组合件包围起来，防止内外电磁场或电场的相互干扰。通常可以将屏蔽分为电磁屏蔽、电场屏蔽及磁场屏蔽三种，各自对应不同的屏蔽需求。

④ 隔离电路　当传感器检测信号、信号处理及控制电路有两处或两路以上接"地"电阻不相等时，就会产生接"地"环路，引起信号失真，就需要采用信号隔离电路。常用的信号隔离器就是隔离变压器或光耦合器。

图 4-15 所示为常用的光耦合器隔离电路。

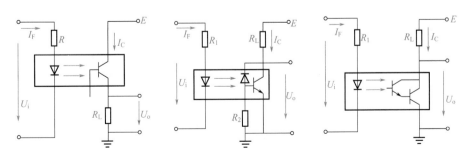

图 4-15　常用的光耦合器隔离电路

（3）信号转换电路

传感器输出的电量有电流、电压、频率以及相位等多种形式。在焊接自动化系统中，往往需要对传感器的输出信号进行转换，以得到系统控制所要求的信号，这就需要采用信号转换电路。

下面主要介绍电压比较电路、电压 - 频率转换电路。

① 电压比较电路 电压比较电路是对两个模拟输入电压的相对大小进行比较，并给出逻辑判断的数值输出的电路，简称比较器。比较器可以视为模拟信号与数字信号之间的转换电路。

图 4-16 所示为差动型电平比较器的电路原理和传输特性图。

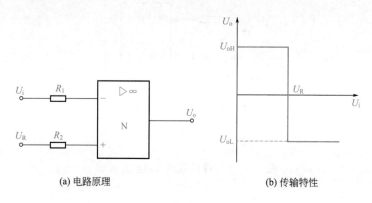

(a) 电路原理   (b) 传输特性

图 4-16 差动型电平比较器电路原理和传输特性

从图 4-16（b）可见，将输入电压 U_i 和参考电压 U 均接至比较器的反相输入端 U_R 进行比较。

当 $U_i < U_R$ 时，比较器输出逻辑"1"电平，即 $U_o=U_{oH}$；

当 $U_i > U_R$ 时，比较器输出逻辑"0"电平，即 $U_o=U_{oL}$；

当 $U_i=U_R$ 时，为输出发生变化的临界点。

若将 U_i、U_R 对调，则传输特性相反。

阈值：比较器的输出电压从一个电平跳变到另一个电平时，对应的输入电压值称为阈值电压或门槛电平，简称阈值，用 U_{TH} 表示。在图 4-16 中 $U_{TH}=U_R$。

过零比较器：当比较器的门槛电平信号 $U_R=0$ 时的比较器称为过零比较器。

如图 4-16 所示，$U_R=0$ 时，若输入信号 $U_i > U_R$，比较器输出 $U_o=U_{oL}$；若 $U_i < U_R$，比较器输出 $U_o=U_{oH}$。利用过零比较器可以将正弦波输入信号变为方波信号。

比较器优点是在输入信号达到比较器的阈值时就会立即翻转，灵敏度高，缺点是它的抗干扰能力差。如果输入信号因受干扰在阈值附近不断地变化，则会使比较器产生不停的误翻转，出现振荡现象。此现象又称为比较器的"振铃"现象。

"振铃"现象的解决措施为采用滞后比较器，在一般的电平比较器基础上在同相端加入少量的正反馈。

图 4-17 所示为一种电平滞后比较器电路原理及相应的传输特性曲线。这种电路可以提高比较器的抗干扰能力。该比较器也可称为反相滞后比较器或下行特性比较器。

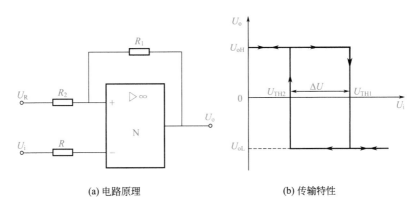

(a) 电路原理　　　(b) 传输特性

图 4-17　电平滞后比较器电路原理和传输特性

电平滞后比较器有两个数值不同的阈值 U_{TH1}、U_{TH2}，假设 $U_{TH1} > U_{TH2}$。

a. 最开始当输入信号 $U_{TH1} > U_i > 0$ 时，比较器输出高电平；

b. 当 $U_i > U_{TH1}$ 时，比较器翻转，输出为低电平；

c. 此时，如果 U_i 减小，且 $U_{TH2} < U_i < U_{TH1}$，输出不变仍然为低电平，只有当 $U_i < U_{TH2}$ 时，输出才会由低电平跳到高电平；

d. 而此时，如果 U_i 增大，且 $U_{TH2} < U_i < U_{TH1}$，输出不变，仍然为高电平，比较器的输出 U_o 保持原有的输出状态。

② 电压 - 频率转换电路　电压/频率（U/f）转换电路能够把输入电压信号转换为频率信号；频率/电压（f/U）转换电路则能够把输入频率信号转换为电压信号。

传感器输出信号既有模拟电压信号，也有数字脉冲信号。

当传感器输出的是模拟信号时，计算机无法进行处理，需要将模拟信号变为数字信号。一般将数字信号变成数字脉冲信号，模拟电压越高，转换后的数字脉冲频率越高，反之亦然。比较典型的 U/f 转换器有 LM31 系列转换器，包括 LM131、LM231、LM331 等。

当传感器输出的是数字脉冲信号时，控制过程中模拟电路控制器无法进行处理。因此需要对用于速度控制的传感器数字输出信号进行 f/U 转换。也就是说，数字输出信号脉冲频率越高，转换后的模拟电压值也越高，反之亦然。LM31 系列芯片也可用作 f/U 转换器。

图 4-18、图 4-19 所示分别为传感器信号应用 U/f 或 f/U 转换器进行信号转换的框图。

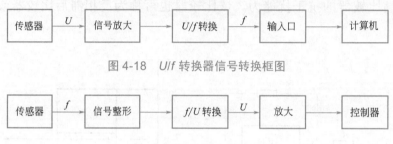

图 4-18 U/f 转换器信号转换框图

图 4-19 f/U 转换器信号转换框图

4.2   视觉传感器技术

视觉传感器是整个机器视觉系统信息的直接来源，主要由一个或者多个感光器件或图像传感器组成，有时还要配以光辅助照明设备及其他辅助设备。视觉传感器的主要功能是获取足够的机器视觉系统所需的原始图像。

机器视觉系统常用的图像传感器主要有 CCD 图像传感器和 CMOS 图像传感器。它们的功能相同，都是通过光电转换，将光学影像转化为数字信号。CCD 图像传感器信号输出的一致性非常好，信号质量好，但成本高；而 CMOS 图像传感器信号输出的一致性较差，信号质量比 CCD 图像传感器略差，但成本低。经过不断地发展和改进，CMOS 图像传感器已经逐渐逼近 CCD 图像传感器的技术水平，因此正逐步取代 CCD 图像传感器成为市场的主流。如图 4-20 所示为 CMOS 芯片及相机。

图 4-20   CMOS 芯片及相机

4.2.1 视觉传感器技术原理

根据视觉检测系统中成像光源是否添加辅助光源，视觉检测系统可分为主动式和被动式两大类。

（1）被动视觉传感技术

被动式视觉检测方法利用弧光本身照明焊接区，通过复合滤光技术减轻弧光的干扰，使摄像机在一个弧光对熔池辐射比例适当的、较窄的光谱范围内获取熔池的正面图像。

在焊缝跟踪系统中，主要是采用电弧光作为光源，由相机直接摄取焊接熔池图像，通过图像处理检测出熔池中心位置，计算焊接熔池中心位置与焊炬位置的偏差并送入控制器，控制执行机构调整偏差，直至偏差消除为止。其原理如图 4-21 所示。

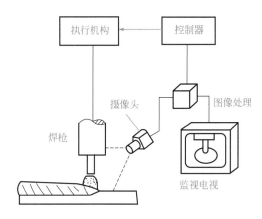

图 4-21　被动激光视觉传感焊缝跟踪控制原理

这种被动光视觉传感焊缝跟踪控制方法还可以通过直接观察电弧轴线与焊缝的情况来获取它们之间的相对位置是否偏离的信息，从而对焊缝的跟踪进行控制。

被动视觉传感器的优点是不存在检测对象与被控对象的时间差，更容易实现较为精确的跟踪控制。另一方面，由于是以弧光作为光源，弧光的强弱对所摄取的图像有很大的影响，图像信噪比小。

（2）主动视觉传感技术

主动光视觉传感技术，采用辅助光源，有助于压制、减小弧光对图像的干扰，以提高图像的质量。主要用于熔滴拍摄、熔池监测以及焊缝跟踪等方面。

焊缝跟踪中，采用的辅助光源一般为单光面或多光面的激光或扫描的激光束。

自动化焊接实用技术全图解

为简单起见，分别称之为结构光法和激光扫描法。它们都是基于三角测距原理，来获得待焊焊缝信息的。

三角测距原理如图 4-22 所示，激光器发射激光，在照射到物体后，反射光由 CCD 接收，由于激光器和探测器间隔了一段距离，所以依照光学路径，不同距离的物体将会成像在 CCD 上不同的位置。按照三角公式进行计算，就能推导出被测物体的距离 D：

$$D = f(L+d)/d \tag{4-14}$$

其中，f 为接收透镜的焦距；L 为发射光路光轴与接收透镜主光轴之间的偏移（即基线距离）；d 为在接收 CCD 上的位置偏移量。

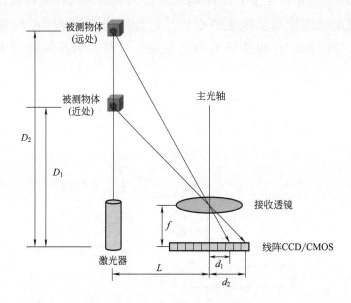

图 4-22　三角测距原理示意图

结构光视觉传感器原理如图 4-23 所示，激光管发出的点光源经一柱状镜转换成条形光，投射到工件表面的 V 形坡口角接焊缝或搭接焊缝上，发生相应的变形，并向工件上方漫反射。CCD 接收从工件上漫反射的反映不同焊缝坡口形式的条形光，通过信号采集或图像处理环节，便可知条形光变形处的中心位置，即焊缝中心线的位置。若将光源安装到焊接机头上，在开始焊接前让条形光的中心位置对应焊炬的位置，则可根据 CCD 接收到的变形条形光反映的中点位置与焊炬位置的关系，获得焊炬与焊缝中心线的偏离方向及偏移量大小的信息。

同结构光方法相比，激光扫描方法中光束集中于一点，因而信噪比要大得多。目前用于激光扫描三角测量的传感器主要有二维面型 PSD、线型 PSD 和 CCD。

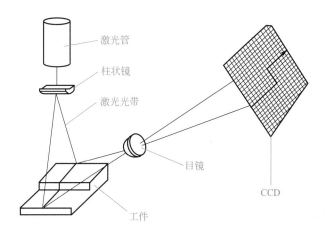

图 4-23　结构光视觉传感器原理

典型的采用激光扫描和 CCD 器件接收的视觉传感器结构原理如图 4-24 所示。激光光束从水平方向照射到扫描轴的镜子上，再反射到工件表面。从工件反射的光经过扫描轴的另一镜子反射到透镜，并在 CCD 上成像。电动机在正反转驱动下不停地来回转动，使激光束在工件上横向扫描。该方法用聚焦的细微光束扫描形成光面，从而大大加强了主动光源的相对强度，这对克服弧光中强烈的光干扰尤为重要。这种方法不需复杂而又费时的图像处理，且光发射与光接收同步扫描，测得的是焊缝截面轮廓上一系列点的坐标，便于设备自动控制，并且可以得到较高的分辨率和测量精度。

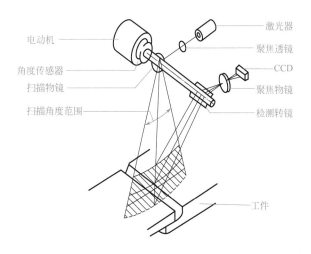

图 4-24　基于线阵 CCD 的激光扫描视觉传感器的结构原理

4.2.2　视觉传感器的应用

视觉传感器具有与工件无接触、检测到的信息量大、检测精度和灵敏度高、动态响应快、抗电磁场干扰能力强、适于各种坡口形状等优点，可以实现焊缝跟踪控制和焊接质量控制，广泛应用于焊接过程的自动控制中。下面分别以下面两个例子简要说明视觉传感器在焊接过程中的应用。

（1）视觉传感器在 TIG 焊单面焊双面成形过程熔透控制中的应用

如图 4-25 所示为基于视觉传感的焊接过程控制系统示意图，从图中可以看出该系统主要由视觉检测模块、TIG 焊焊枪、送丝机构以及计算机控制模块等部分组成。视觉检测模块由视觉传感器 CCD 相机组成。通过 CCD 相机实时采集熔池图像，传输到计算机控制模块进行图像处理，提取熔池特征信息，将熔池特征信息导入设计好的控制器中，生成相应的控制量（送丝速度、焊接速度等），进而实现对焊接过程的稳定控制。

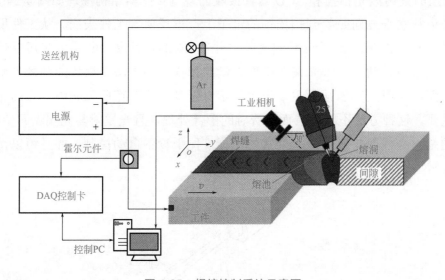

图 4-25　焊接控制系统示意图

（2）视觉传感器在焊缝跟踪系统中的应用

如图 4-26 所示为线结构光视觉焊缝跟踪试验平台，主要包括：线结构光视觉传感器、工控机、运动机构和焊接装置等。结构光视觉传感器由相机、线激光器和滤光镜片组成。工控机内部安装有嵌入式的运动控制卡，运动机构由一个纠偏模组、一个水平模组和一个垂直模组组成，焊接装置则由电焊机和焊枪组成。

焊缝跟踪过程如下：

① 结构光焊缝图像采集　激光器将激光条纹投射到焊件表面，因焊缝的存在，激光条纹会产生变形，相机会对变形的激光条纹进行实时采集。

② 结构光焊缝图像处理　焊缝跟踪系统软件中的图像处理模块对结构光图像

进行处理，主要内容为滤波以及焊缝特征点识别定位，再求出焊缝偏差。

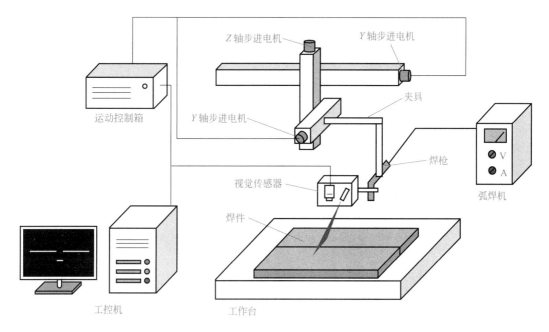

图 4-26　线结构光视觉焊缝跟踪试验平台

③ 焊缝纠偏　根据焊缝偏差，控制焊枪对准焊缝中心，此过程由工控机内部的运动控制卡通过发出脉冲信号驱动电机转动实现。

4.3　电弧传感器技术

在焊接过程中，当焊枪与工件之间的相对位置发生变化时，会引起电弧电压、电弧电流的变化，这些变化都可以作为特征信号被提取出来实现上下和左右两个方向的跟踪控制。

4.3.1　电弧传感器技术原理

电源外特性是指不同电弧负载下，电源的输出电流和电压的关系。电弧静特性是指在弧长一定的情况下，电弧电流和电弧电压的关系。图 4-27 是电弧自身调节特性作用示意图。图中，L 为缓降的电源外特性，l_0A_0 为弧长 l_0 时的电弧静特性，此时电源焊接时的稳定工作点是 A_0。若外界因素（干扰或者人为驱动）使弧长变短至 l_2，则电弧静特性曲线变为 l_2A_2，于是稳定工作点移至 A_2，此时 A_2 点对应的焊接电流 I_2 比 I 有所增大，这势必使焊丝加快熔化、弧长变长，稳定工作点恢复至 A_0；反之，若弧长增长至 l_1 则电流减小，于是焊丝熔化变慢，弧长变短亦能恢

复至 A_0 点。

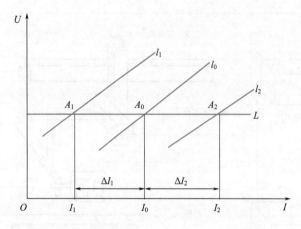

图 4-27 电弧自身调节特性作用示意图

电弧传感器是利用焊接电弧自调节特性，让电弧随焊炬在工件上方横向扫描时，弧长变化引起电弧参数变化，从电弧参数变化（电弧电流）中获取或估计电弧扫描时焊炬高度的变化，并根据扫描焊炬与焊缝的几何关系导出焊炬与焊缝的相对位置等被传感量。图 4-28 说明了焊枪导电嘴与工件表面距离变化引起焊接参

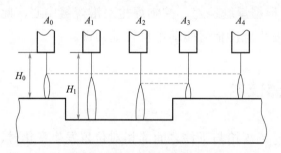

(a) 焊枪导电嘴与工件表面距离变化过程

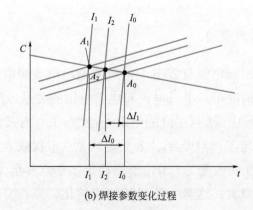

(b) 焊接参数变化过程

图 4-28 电弧传感器工作原理

数变化的过程。以缓降外特性电源为例,在焊炬高度为 H_0 稳定状态时,电弧工作点为 A_0,弧长 l_0,干伸长 L_1,电流 I_0,当焊枪与工件表面距离 H_0 发生阶跃变化增大到 H_1 时,弧长忽然被拉长为 l_1,此时 L_1 还来不及变化,电弧随即在新的工作点燃烧,电流突变为 I_1。由于电源外输出外特性曲线为缓降外特性,电弧电压 U 保持近似不变,此时电弧电流 I_1 明显变小,焊丝熔化速度 V_m 随电流 I 的减小而减小,此时的焊丝熔化速度要比 A_0 点时的熔化速度小,由于等速送丝系统的送丝速度保持不变,则此时的焊丝熔化速度小于送丝速度,使得焊丝伸出长度渐渐变长,此时的电弧弧长逐渐变短,干伸长增大,最后电弧稳定在一个新的工作点 A_2,弧长 l_2,干伸长 L_2,电流 I_2,结果是干伸长和弧长都比原来增加。在上述变化中,有两个状态过程即调节过程的动态变化(ΔI_0)和新的稳定点建立后的静态变化(ΔI_1)。动态变化的原因是焊丝熔化速度受到限制,不能跟随焊枪高度的突变,静态变化的原因是由于电弧的自调节特性。由以上所述,当电弧沿着焊缝的垂直方向扫描,焊接电流将随着扫描引起的焊枪高度的变化而变化,从而获得焊缝坡口信息,达到传感的目的。

在熔化极电弧焊中,一般采用这种线性关系。当焊枪沿接头的横向摆动时,焊接电流的变化用于控制焊枪运动的输入信号。

电弧式传感器主要有摆动式电弧传感器和旋转式电弧传感器。

(1)摆动式电弧传感器

图 4-29 所示为水平放置的角焊缝焊枪位置控制原理。图 4-29(a)给出焊枪摆动和干伸长的变化,而图 4-29(b)给出了相应的焊接电流的变化,其中虚线代表了接头与焊枪的目标位置没有偏差的情况,而实线则代表有偏差时的情况。我们可以把焊枪一个周期的摆动分成四段。设在没有偏差情况下左右两边的平均电流分别为 I_L^* 和 I_R^*,这时由于电流曲线在几何上是关于位置 2 对称的,因此有:

$$\nabla I^* = I_L^* - I_R^* = 0 \tag{4-15}$$

当存在偏差时,设焊枪摆动两边 1/4 周期的平均电流分别为 I_L 和 I_R,这时有:

$$\nabla I = I_L - I_R \neq 0 \tag{4-16}$$

这个电流偏差即用来控制焊枪的运动以使其能够消除电流偏差,同时也就消除了位置偏差。

如果需要同时控制焊枪与工件之间的距离,可以将左右两边的电流相加,然后与一个设定的标准距离值进行比较,由此可得到偏差值 $(I_L + I_R) - (I_L^* + I_R^*)$。此值即可作为焊枪与工件距离的控制输入信号。

实验表明,当角焊缝不是水平放置的时候,关系式(4-15)并不成立,但是我们依然可以测得没有位置偏差时的标准电流值。工作时的电流值与标准电流值进行比较，即可得到用于控制位置偏差的输入信号。

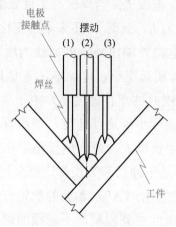

(a) 焊枪摆动及干伸长度变化

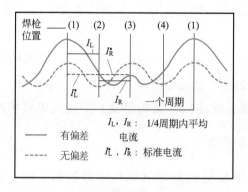

(b) 焊接电流变化

图 4-29　水平放置的角焊缝焊枪位置控制原理

（2）旋转式电弧传感器

上述的摆动方法由于受机械方面的限制，难以获得比较高的摆动频率，这就限制了电弧传感器在高速和薄板搭接接头焊接中的应用。为此人们提出了旋转电弧的方法，其结构原理如图 4-30 所示。电极固定在偏离齿轮中心的一个位置上，此齿轮由电机通过另一个齿轮驱动。这种结构中电弧的旋转频率可以达到 100Hz。

旋转电弧用于接头跟踪的原理如图 4-31 所示。电弧旋转的位置（C_f，R，C_r，L）由旋转编码器测量得到。图中给出了与电弧的旋转位置相关的电弧电压波形基本模式。如图中的虚线所示，当焊枪的中心在接头的中心时（$\Delta x = 0$），电弧电压波形的峰值点位于 C_f 和 C_r 处，而谷值点位于 R 和 L 处。这时波形是关于前进方向上的 C_f 点对称的。

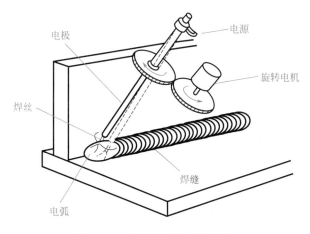

图 4-30　旋转电弧传感器结构

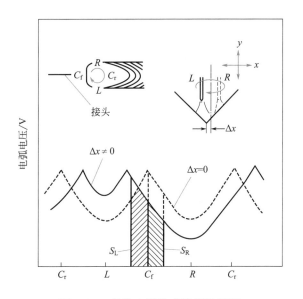

图 4-31　旋转电弧传感器跟踪原理

当焊枪偏向右边时（$\Delta x \neq 0$），如图中的实线所示，在峰值点 C_f 处的相位向前移动，相对于 C_f 点的波形是不对称的。这时比较点 C_f 左右两边相同相角的电压波形的面积（积分值）S_R 和 S_L，即可求出焊枪沿 x 轴方向的偏差。对于焊枪高度的控制，可以采用每一个旋转周期的电弧电流波形的积分值作信号。

4.3.2　电弧传感器的应用

随着焊接技术的发展，焊接电源的性能也飞速提高，焊接电弧的稳定性得到了提升，为电弧传感器在焊缝跟踪技术中的应用提供了保障。

如图 4-32 所示为摆动电弧传感焊缝跟踪试验平台以及系统框图，主要由电弧传感模块、机器人控制系统和执行模块组成。电弧传感模块负责采集电弧信号，

自动化焊接实用技术全图解

反馈焊枪的偏差信息。机器人控制系统负责不同指令的接收和下发，以确保焊接机器人正常运行，各种功能正常实现。执行模块将依据电弧传感模块反馈的偏差信息执行相应的纠偏量，进而实现摆动电弧的焊缝跟踪过程。

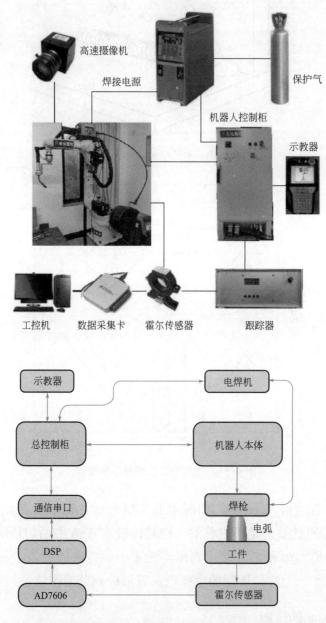

图 4-32　摆动电弧传感焊缝跟踪试验平台及系统框图

电弧传感器与其它类型的传感器相比，具有结构较简单、成本低、响应快等特点，可以成功地应用于弧焊机器人及一般自动焊机的焊缝跟踪。但是，这类传感器对于不开坡口的对接焊道，焊缝跟踪效果较差。

4.4 超声传感器技术

超声波是振动频率高于 20kHz 的机械波，它具有频率高、波长短、方向性好、绕射现象小等特点。通过对超声波的发射，在空气介质中向周围传播，以物体对超声波的反射时间和强弱程度为依据，确定物体性质与位置。基于此开发出的一系列以超声波为核心的测距或探伤装置，称为超声波传感器。超声波传感器本质上是将超声波信号转换成其他能量信号（通常是电信号）的传感器。

4.4.1 超声传感器技术原理

要以超声波作为检测手段，必须能产生超声波和接收超声波。完成这种功能的装置就是超声波传感器，习惯上称为超声波换能器，或超声波探头。

超声波传感器按其工作原理，可分为压电式、磁致伸缩式、电磁式等，以压电式最为常用。下面以压电式和磁致伸缩式超声波传感器为例介绍其工作原理。

（1）压电式超声波传感器

压电式超声波传感器是利用压电材料的压电效应原理来工作的。常用的压电材料主要有压电晶体和压电陶瓷。根据正、逆压电效应的不同，压电式超声波传感器分为发生器（发射探头）和接收器（接收探头）两种。

压电式超声波发生器是利用逆压电效应的原理将高频电振动转换成高频机械振动，从而产生超声波。当外加交变电压的频率等于压电材料的固有频率时会产生共振，此时产生的超声波最强。压电式超声波传感器可以产生几十千赫到几十兆赫的高频超声波，其声强可达几十瓦每平方厘米。

压电式超声波接收器是利用正压电效应原理进行工作的。当超声波作用到压电晶片上引起晶片伸缩，在晶片的两个表面上便产生极性相反的电荷，这些电荷被转换成电压经放大后送到测量电路，最后记录或显示出来。压电式超声波接收器的结构和超声波发生器基本相同，有时就用同一个传感器兼作发生器和接收器两种用途。

通用型和高频型压电式超声波传感器结构分别如图 4-33（a）和（b）所示。

（2）磁致伸缩式超声波传感器

铁磁材料在交变的磁场中沿着磁场方向产生伸缩的现象，称为磁致伸缩效应。磁致伸缩效应的强度即材料伸长缩短的程度，因铁磁材料的不同而各异。镍的磁致伸缩效应最大，如果先加一定的直流磁场，再通以交变电流时，它可以工作在特性最好的区域。磁致伸缩传感器的材料除镍外，还有铁钴钒合金和含锌镍的铁氧体。它们的工作频率范围较窄，仅在几万赫兹以内，但功率可达十万瓦，声强可达几千瓦每平方毫米，且能耐较高的温度。

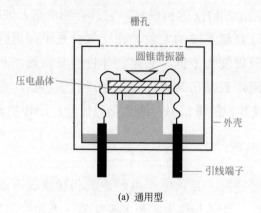

(a) 通用型

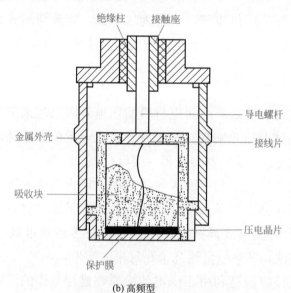

(b) 高频型

图 4-33　压电式超声波传感器的结构

　　磁致伸缩式超声波发生器是把铁磁材料置于交变磁场中，使它产生机械尺寸的交替变化即机械振动，从而产生出超声波。它是用几个厚为 0.1 ～ 0.4mm 的镍片叠加而成，片间绝缘以减少涡流损失，其结构形状有矩形、窗形等。

　　磁致伸缩式超声波接收器的原理是：当超声波作用在磁致伸缩材料上时，引起材料伸缩，从而导致它的内部磁场（即导磁特性）发生改变。根据电磁感应，磁致伸缩材料上所绕的线圈里便获得感应电动势。此电动势被送入测量电路，最后记录或显示出来。磁致伸缩式超声波接收器的结构与超声波发生器基本相同。

　　超声波传感器可以用于焊缝跟踪、避障等领域。

①　超声波传感器利用超声波脉冲在金属内传播时的界面反射现象，可以接收到反射波脉冲，由入射 - 反射波脉冲的行程，即可测得界面的位置。其过程如下：超声波传感器首先发射超声波，在介质中传播遇到焊件金属表面时，超声波信号会被反射回来，并由超声波传感器接收。通过计算超声波信号由传感器发射到被接收的声程时间，可求得传感器与焊接工件或障碍物之间的垂直距离，并由此进一步推算出当前焊枪和焊缝或者障碍物之间的相对位置关系。

②　固定式超声波焊缝位置检测原理如图 4-34 所示。该装置将两个传感器置于焊枪前方，并使其中心与焊枪对中。两个微调机构使传感器检测超声波脉冲直接射在焊缝的两个棱边处，传感器中心与焊缝棱边距离为 Δx_L 和 Δx_R，$\Delta x_L = \Delta x_R$，跟踪允许偏差量。ΔH 为允许偏差量，H_L 为测得的起始点至左棱边的垂直高度，H_R 为测得的起始点至右棱边的垂直高度。在对中时左右传感器能检测到反射回波信号。而当偏左或偏右时有一个传感器会进入焊缝内，从而能发现偏差方向及大小，实施纠偏调整。垂直方向跟踪是设跟踪高度 H_g，当 $|\Delta y| = |H_L - H_g| \geqslant \Delta H$ 或 $|\Delta y| = |H_R - H_g| \geqslant \Delta H$ 时，进行垂直方向纠偏调整。该方法还可用于角焊缝的跟踪控制。

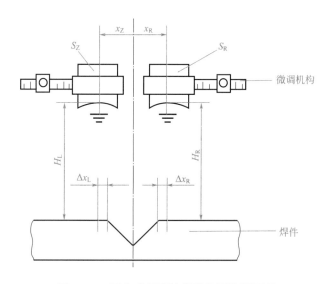

图 4-34　固定式超声波焊缝位置检测原理

③　超声波式传感器用于焊缝跟踪时，将超声波式传感器置于焊枪前方，用一套扫描装置使传感器在焊道上方左右扫描。超声波式传感器发射超声波，遇到焊件金属表面时，超声波信号被反射回来，并由传感器接收，通过计算传感器发射到接收的声程时间，可以得到传感器与焊件之间的垂直距离，再与给定的垂直高度相比较，可得到高度方向的偏差大小与方向。控制系统则根据检测到的偏差大

小及方向在高度方向进行纠偏调整。为了获得焊缝横向位置偏差信息，可以采用寻找坡口的两个边缘的方法，因为在坡口的边缘处，超声波从发射到接收的声程时间较短，而在坡口中心处声程时间较长，从而可分别确定坡口中心与边缘的位置，控制系统可据此进行横向的纠偏调整。超声波传感器计算强度较小，跟踪的精度也较低。

4.4.2　超声传感器的应用

图 4-35 为装有超声波传感器和旋转电弧传感器的双传感器焊接机器人结构示意图，在该系统中，可以应用超声波传感器获得周围的障碍信息，旋转电弧传感器来完成焊缝跟踪过程。其中超声波测距避障示意图如图 4-36 所示。

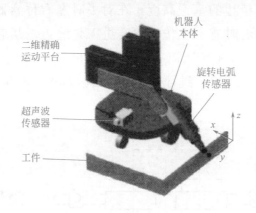

图 4-35　焊接机器人结构图

焊接机器人在跟踪焊缝而接近障碍物的过程中，本体会有轻微的转动，致使超声波传感器不能保持以垂直的形式接近障碍物；同时，机器人也不可能完全恒速接近障碍物，因此，测距线不完全是直线，而有一定的波动。为了消除这些影响，对传感器测得的距离信号进行如下处理：当传感器测得的距离连续有 5 个都符合一定条件，计算机才发出具体的控制指令。

在进行格子形焊缝跟踪焊接时，焊接路径如图 4-37 所示，四周的矩形区域为要跟踪的焊缝路径。焊缝跟踪时，焊缝跟踪时，从起点位置①开始顺时针跟踪，跟踪过程中，位姿变化如图 4-37 中①②③所示。为防止机器人本体与工件发生碰撞，需要在到达折角处之前转弯。

利用安装在机器人前端的超声波传感器测得焊接机器人与前端工件之间的距离 d，以此距离信息作为参考，当机器人与前端工件之间距离 d 到达某一定值时，机器人即可以开始进行转弯动作。故直角焊缝跟踪策略如下：机器人首先进行直线形焊缝的焊接，同时，超声波传感器进行测距，并将距离信号发送至控制器，当测得的距离等于设定的转弯距离时，控制器发出控制信号使机器人开始原地转弯，以完成直角焊缝的焊接。

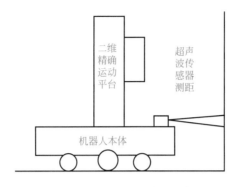

图 4-36　超声波测距避障示意图

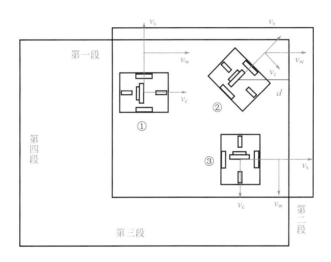

图 4-37　焊缝跟踪路径与过程分析

　　采用双传感器对机器人行走时周围障碍实际信息进行检测，能使机器人具备避障功能，可以获取障碍距离信息，但无法确定边界信息；在室内若干已知的位置设置超声波传感器，并在机器人上加装超声波接收器，借助卡尔曼滤波器，能对机器人进行准确定位；为解决超声波传感器存在检测盲区的问题，可借助红外传感器对超声波传感器存在的检测盲区予以补偿，能有效增大感测范围。

4.5　红外传感器技术

　　红外传感器是利用红外辐射实现相关物理量测量的一种传感器。红外辐射是由物体的温度、材料成分及表面条件决定的。物体发出的红外辐射载有物体的特征信息，利用红外热成像技术可将人眼不可见的红外辐射转化成可见的温度图像。

4.5.1 红外传感器技术原理

红外线是波长介于微波与可见光之间的电磁波，其波长为 $0.75 \sim 1000\mu m$，是波长比可见光长的非可见光。任何物体只要其温度高于绝对零度（$-273.15℃$）都会辐射红外线。物体表面单位面积上的红外辐射强度由斯蒂芬玻尔兹曼定律描述：

$$W = \varepsilon \sigma T^4 \tag{4-17}$$

式中，W 为红外辐射强度，W/cm^2；T 为绝对温度，K；σ 为黑体辐射常数，$W/(cm^2 \cdot K^4)$；ε 为比辐射率，$\varepsilon=1$ 的物体叫黑体，一般物体的 ε 为 $0 \sim 1$。斯蒂芬玻尔兹曼定律描述了物体红外辐射强度随表面温度的变化规律，表明物体的温度越高，红外辐射强度就越大。

红外传感器的构成比较简单，它一般是由光学系统、红外探测器、信号调节电路和显示单元等几部分组成。其中，红外探测器是红外传感器的核心器件。红外探测器种类很多，按探测机理的不同，通常可分为两大类：热探测器和光子探测器。

红外线被物体吸收后将转变为热能。热探测器正是利用了红外辐射的这一热效应。当热探测器的敏感元件吸收红外辐射后将引起温度升高，使敏感元件的相关物理参数发生变化，通过对这些物理参数及其变化的测量就可确定探测器所吸收的红外辐射。其原理如图 4-38 所示。

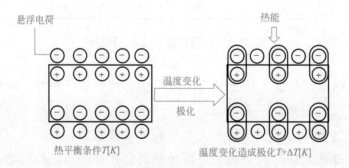

图 4-38　红外传感器原理示意图

热探测器的主要优点：响应波段宽，响应范围为整个红外区域，室温下工作，使用方便。热探测器主要有 4 种类型，分别是热敏电阻型、热电阻型、高莱气动型和热释电型。在这 4 种类型的探测器中，热释电探测器探测效率最高，频率响应最宽，所以这种传感器发展得比较快，应用范围也最广。

电弧焊时，由于电弧对工件的加热，在焊接熔池及周围的金属中将形成一定温度场，检测焊接区的热辐射可以获得焊接温度场及其分布，通过对焊接温度场进行分析，可提取反映焊接质量的控制信号。

图 4-39 是利用红外传感器得到的一幅熔池及周围金属的表面温度热像图。如果电弧处于正对焊缝的位置，焊缝两侧的金属导热条件是对等的。此时焊缝两侧的工件表面温度分布状态也应该是对称的。当电弧偏离焊缝中心，在焊缝的另一侧焊接时，因为在焊缝的一侧导热阻力较大，而在焊缝的另一侧导热阻力较小，故电弧两侧的表面温度分布状态将不再是对称的，而且温度分布不对称的程度与电弧偏离焊缝的程度有直接的联系。

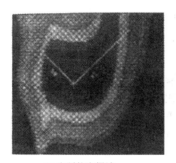
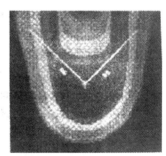

(a) 电弧偏离焊缝　　　　　　　　　　(b) 电弧正对焊缝

图 4-39　红外摄像系统所得到的表面温度热像图

从图中可以清楚看出电弧偏离与正对焊缝的热像图有明显的不同。采用一定方法对热像图的有关数据进行分析，则可获得电弧是否偏离、偏离方向及偏离量等信息。利用这些信息即可通过控制器及执行机构对电弧位置进行调节，直至电弧对准焊缝中心为止。

由于红外热像传感与控制焊缝跟踪方法是基于对焊缝区表面温度场热像对称性的检测来实现跟踪控制的，所以任何其他（除电弧偏离焊缝外）影响表面温度场热像对称性的因素，如复杂而不规则的焊件结构、不同厚度或不同导热材料的焊件、夹具造成不对称导热、工件表面状态等都对红外图像上的灰度值产生影响，对红外辐射焊缝跟踪传感与控制方法造成一定的干扰，其中电弧的影响尤为严重。如何克服弧光干扰和其他干扰，并进一步降低成本，是红外传感器需要解决的主要问题。此外，温度场的准确定标是一个亟待解决的问题。

4.5.2　红外传感器的应用

大功率光纤激光焊与传统焊接方法相比，具有焊接速度高、焊缝热影响区小和深宽比大等优点，能实现多种金属和非金属焊接，特别是焊接厚板材料的焊接。

一方面，由于焊接前夹具的装配误差和焊接过程中工件热变形的存在，使得焊缝路径往往偏离预定轨迹，造成焊缝跟踪偏差；另一方面，激光束功率密度高，光斑直径小，焊缝间隙通常很小，再加上激光焊接速度快，要实时准确地识别和跟踪焊缝十分困难。针对这种大功率光纤激光焊接对接焊缝跟踪过程，可采用一种基于红外热像的焊缝跟踪偏差检测新方法。

如图 4-40 所示为大功率光纤激光焊接红外焊缝跟踪试验装置，主要由激光束、红外传感高速摄像机以及控制系统组成。其原理是通过红外传感高速摄像机摄取焊接区域熔池匙孔图像，如图 4-41 所示，通过分析熔池匙孔形变参数与焊缝偏差

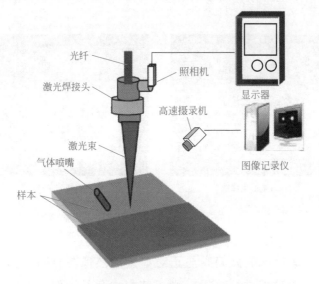

图 4-40　大功率光纤激光焊接红外焊缝跟踪试验装置

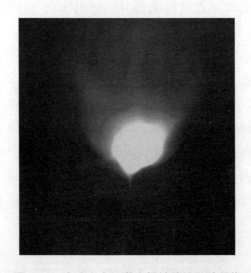

图 4-41　大功率光纤激光焊接熔池匙孔图像

之间存在的数学关联，以及激光束对准和偏离焊缝中心时的熔池温度分布和红外辐射特性，来判断和检测激光束与焊缝之间的偏差。将所得的偏差信息传入控制系统，通过控制系统的发出信号对激光束的位置进行调节，从而完成焊缝跟踪过程。

4.6　接触式传感器技术

4.6.1　接触式传感器技术原理

接触式传感器进行焊缝跟踪时是将传感器的探头直接与焊缝坡口接触，实现对偏差的检测。接触式焊缝跟踪传感器的特点是结构简单，操作直接，维修方便，成本低，不怕电弧的磁、光、烟尘、飞溅等干扰，是目前使用较多的焊缝跟踪方法。接触式焊缝跟踪传感技术中使用的传感器包括探针接触式、探针触摸式、电极接触式等多种形式，是最先应用于焊缝跟踪的传感器。

（1）探针接触式传感器

图 4-42 所示为一种探针接触式焊缝跟踪传感器。它以探针接触焊缝坡口，探针后端插入电磁线圈中，给线圈通入恒定的电压，探针运动时，在焊缝坡口的二维方向上产生的变化量为 Y 和 G，对应于线圈中铁芯发生的变化量为 H，从而引起二次侧感应电压的相应变化为 V，并以此变化来反映传感器与工件距离的变化。该传感器的探针在坡口中被动滑动时，输出信号可以反映坡口中心的位置和方向，从而控制焊枪沿坡口方向运动。

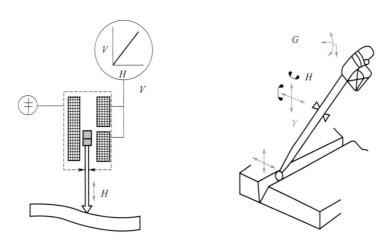

图 4-42　探针接触式焊缝跟踪传感器

图 4-43 所示为一种摆动探针接触式焊缝跟踪传感器。该传感器由摆动执行机构、振动敏感元件及摆动执行机构的控制电路组成。摆动动作由控制电路来实现，其工作原理是：将振动敏感元件安装在摆动执行机构上，通过控制电路使摆动触头沿焊缝作直线摆动，使其产生的信号通过数据采集卡接入计算机进行信号分析，以识别出焊缝位置，确保焊枪不偏离焊缝中心。

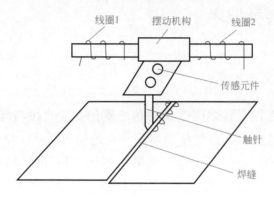

图 4-43　摆动探针接触式焊缝跟踪传感器

触杆接触式传感器也是一种探针接触式焊缝跟踪传感器。图 4-44 所示为一种典型的触杆接触式传感器的结构，触杆下端伸进坡口，通过一个支点调整触杆在坡口中的位置。当位移量超过两端的死区范围时，触杆上接通微动开关，驱动电动机、移动焊枪回到平衡位置。此时，开关断开，电动机停转，保证焊嘴对准焊缝。

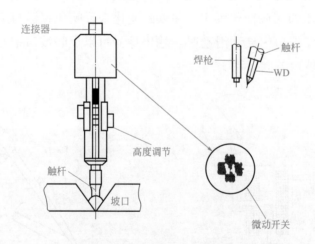

图 4-44　触杆接触式传感器结构

(2) 探针触摸式传感器

与探针接触式焊缝跟踪传感器不同，探针触摸式焊缝跟踪传感器的探针不是始终在坡口中随动的，而是由传感器自身驱动探头以一定的方式不断触摸坡口，并记录下坡口的方向和形状。由于其自身驱动的特点，所以可以减少探针接触式焊缝跟踪传感器由于探针磨损等因素造成的误差。该传感器结构比较复杂，不仅可以实现焊缝自动跟踪，而且可以完成焊接参数的自适应控制。

（3）电极接触式传感器

电极接触式传感器中以检测电源接在电极与工件之间。检测电源具有高电压、低电流的特点，既可以保证安全，又不至于引发电弧。令焊枪按预先设定的轨迹接触工件，当焊丝与工件接触时，电极与工件之间的电压会陡降，电流会陡升。由此信号可以获得工件的位置坐标，完成工件位置的一维至三维检测。

电极接触式传感器主要是针对弧焊机器人研制的，它可有效地检测机器人路径的示教点和实际位置之间的偏差量，在程序中进行修改。具体方法是将焊丝从焊枪中伸出接触工件，检测焊丝与工件接触时产生的电流值来确定接触点的位置，如图 4-45 所示。

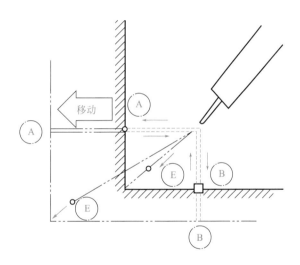

图 4-45　电极接触式传感器

应用接触式传感器时，由于传感器的位置位于焊枪的前方，存在传感器超前的问题，这个问题可通过记忆延迟和示教再现两种方式解决。传感器超前的记忆延迟再现传感系统如图 4-46 所示。用一个 *X-Y* 方向驱动的滑块调整传感器跟踪焊缝，另外还有两个分离的 *X-Y* 方向滑块调整焊枪的位置。传感器跟踪焊缝时产生的偏移量，转换成电信号暂时储存起来，当焊枪向前方传感器的位置移动时，用传感器在那点检测的偏差值来调整焊枪位置，以此得到满意的焊缝跟踪效果。传感器超前的示教再现系统是在焊接之前，传感器先检测焊缝，储存焊缝相对某点的偏差值，焊接时通过再现方式应用该偏差值调整焊枪位置。

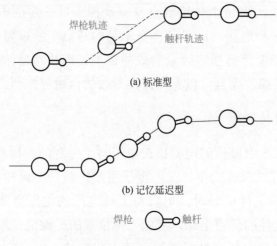

焊枪轨迹

触杆轨迹

(a) 标准型

(b) 记忆延迟型

焊枪 ◯━○ 触杆

图 4-46　记忆延迟再现传感系统

当焊接机器人焊接复杂几何形状的接头时，前置的传感器可能会受到限制。可使用与焊炬同心的接触式传感器，如图 4-47 所示，且不影响焊接方向。该传感器也可用于填丝焊或 V 形坡口对接焊，可同时与接头两端相接触，检测方法同其他接触式传感器相同。

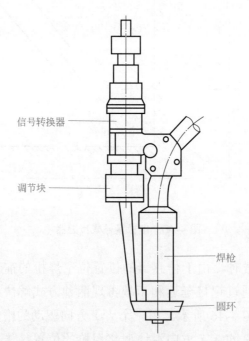

信号转换器

调节块

焊枪

圆环

图 4-47　装有位置识别圆环传感器的焊枪

4.6.2　接触式传感器的应用

接触式传感器的特点是结构简单，操作方便，抗弧光、电磁和烟尘干扰的能力强。

在窄间隙焊接过程中的跟踪方式有很多，以视觉跟踪传感器为基础的非接触式跟踪系统应用较多，激光视觉传感器跟踪精度很高，但是价格昂贵，且可靠性较差。传统的机械式跟踪装置是利用与焊接坡口紧密接触产生的机械强制力来完成焊缝跟踪的，机械式焊缝跟踪装置具有可靠性高、抗干扰能力强的优点，但是精度比较低，因为窄间隙焊接的坡口窄而深，一旦焊接过程中出现质量问题，修补十分困难，为保证其跟踪精度可采用双探针结构用于焊缝跟踪。

传感器外形如图 4-48 所示。采用倾斜角度可调节的双探针机构替代常用的探针或导轮，可以适应不同尺寸和形式的窄间隙焊缝，无需更换探头。接触式传感器主要由三大部分组成，即机械式探头、角度调节装置和位移传感器。

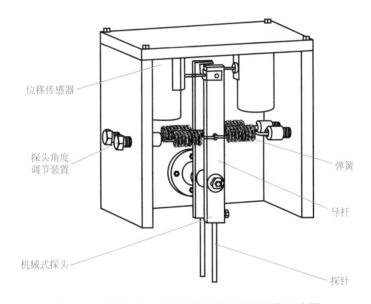

图 4-48　接触式窄间隙焊缝跟踪传感器结构示意图

接触式窄间隙焊缝跟踪传感器，可通过深入焊缝的两个跟踪探针，将焊缝偏差信号提取出来，通过位移传感器检测位移变化，将窄间隙焊缝的位置变化转换为与之对应的电信号变化。该系统以单片机为控制核心，其控制系统主要由四个部分构成：信号采集电路、信号处理电路、隔离电路及步进电机驱动电路。系统总体框图如图 4-49 所示。

该窄间隙焊缝自动跟踪系统的工作原理是拉线式位移传感器通过深入窄间隙焊缝的探针，检测到焊炬中心变化 $y(t)$，经过单片机进行信号处理和 A/D 转换后变为数字量 $y(Kt)$，与给定值比较后得到偏差值 $e(Kt)$，再应用 PLC 单片机强大的计算功能得出控制量 $u(Kt)$，之后发出纠偏信号 $y(t)$。以上过程为焊缝跟踪系统的一个循环周期，继续检测焊缝偏差，重复上面的过程。跟踪控制系统的循环周期越小，控制速度越快，精度也越高。

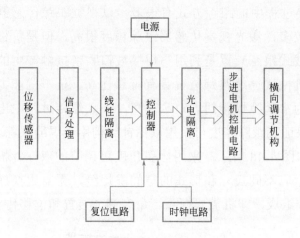

图 4-49　接触式窄间隙焊缝跟踪系统总体框图

接触式传感器存在一些不足：

① 对不同形式的坡口需要不同形状的探头。

② 对坡口的加工要求高，跟踪表面的任何损伤和粗糙不平都会影响跟踪的稳定性。

③ 探头磨损大、易变形，尤其是在高速焊接情况下，从而影响跟踪精度。

④ 由于磨损还影响到探头的使用寿命，需要经常更换。

第 5 章

焊接自动化控制技术

5.1 电机控制技术

电动机是实现电能与机械能转换的重要装置，在焊接自动化中要实现电动机的稳定控制，从而保证焊接过程的稳定性，获得高精度、高质量的焊缝。因此，电动机及其控制技术是实现自动化焊接过程的重要一环。

电力拖动系统是由电动机带动生产机械运行的系统，是电动机与机械运动结合的主要方式。它的主要组成部分为电动机、传动机械、生产机械、控制装置等，如图 5-1 所示。

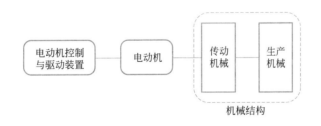

图 5-1　电力拖动系统的构成

电动机控制技术的三要素：电动机；电动机驱动的机械机构；电动机控制与驱动装置。

三要素良好的匹配是电动机控制系统的基础，也是获得良好性能的关键所在。

焊接自动化系统中常用的电动机有直流电动机、步进电动机和交流电动机。本节将对焊接自动化系统中常用电动机的控制技术做进一步阐述。

5.1.1 继电接触器控制电动机技术

继电接触器控制系统由各种继电器、接触器、熔断器、按钮、行程开关等器件组成，主要功能是实现电动机的启动、制动、反向运动等方面的控制，以满足焊接工艺对电动机控制的要求。本小节以交流电动机为例来讲解继电接触器控制电动机技术。

（1）三相交流电动机的启停控制

如图 5-2（b）所示为用接触器直接启动电动机的电路原理图，其控制过程：首先闭合电动机电源开关 Q，然后按下启动按钮 SB2（动合触点），接触器 KM 线圈通电，电动机 M 通电启动运转，同时并联在按钮 SB2 两端的接触器 KM（辅助动合触点）也同时闭合连通。当启动按钮 SB2 断开后，接触器 KM 线圈仍然保持通电，电动机保持正常运转。这种情况称为自锁。

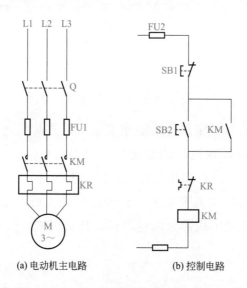

(a) 电动机主电路　　　　　(b) 控制电路

图 5-2　用接触器直接启动电动机

当需要电动机 M 停止转动时，按下停止按钮 SB1（动断触点），接触器 KM 线圈断电，电动机 M 断电后渐停；同时，SB2 两端的辅助动合触点 KM 断开，当按钮 SB1 松开后，其动断触点复位，接触器 KM 线圈也不能通电。

图 5-2 中的热继电器 KR 用于电路的过载保护，熔断器 FU 用于电路的短路保护。

（2）三相交流电动机的点动与长动控制

图 5-2 中按下启动按钮 SB2 形成自锁使电动机保持连续运转，这就是长动控制，能够满足焊接自动化系统中机械设备连续运行的要求。但是，当焊接过程起始时需要对焊枪进行对准，这就需要控制电动机进行微调，即点动控制。图 5-3

（b）所示为点动控制电路，与有自锁功能的长动控制电路相比，点动控制相对简单，即按下无锁开关 SB，接触器 KM 线圈通电，电动机 M 启动运转；松开无锁开关 SB，接触器 KM 线圈断电，电动机 M 停转。

在焊接自动化系统中，电动机的控制往往既需要点动调整，也需要长动控制。图 5-3（c）所示为既能点动也能长动控制的电路。可以看出点动和长动控制的本质区别是启动按钮是否具有自锁功能。

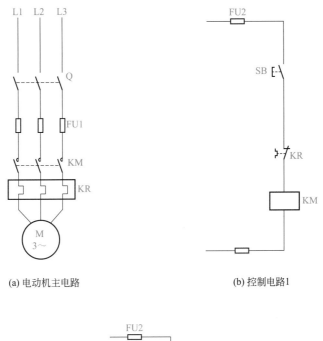

(a) 电动机主电路　　　　　　　　　　　(b) 控制电路1

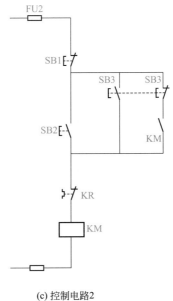

(c) 控制电路2

图 5-3　电动机的点动控制与长动控制

（3）三相交流电动机的正反转控制

在焊接自动化系统中，不仅需要控制电动机的实时启动与停止，也需要控制其旋转方向，即正反方向运动的控制。由三相交流电动机工作原理可知，只要将通往电动机定子三相线圈的电源中的任意两相调换，就可改变电动机三相电源的相序，从而改变电动机的转向。

如图 5-4 所示为用两个按钮分别控制两个接触器以改变电动机电源相序，实现电动机正反转控制的电路。

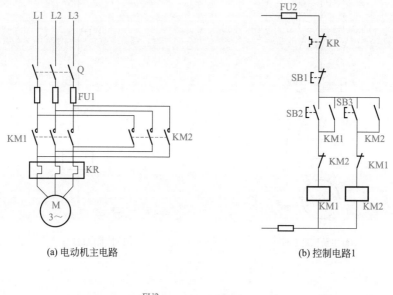

(a) 电动机主电路   (b) 控制电路1

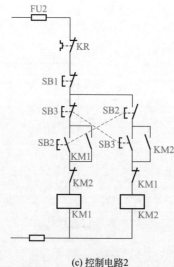

(c) 控制电路2

图 5-4 电动机正反转控制

由图 5-4（b）可知，电路的关键在于将 KM1、KM2 动开辅助触点相互串联在对方接触器线圈通电回路中，形成互锁控制（也叫联锁控制），互锁控制保证了正反转电路不能同时形成通路；当按下正转按钮 SB2 时，正转接触器 KM1 线圈通电并自锁，电动机 M 正转。同时 KM1 动开辅助触点断开，按下反转按钮 SB3，KM2 线圈并不能通电；因此，正转不能直接切换为反转，需要按下停止按钮 SB1，才能切换为反转。正反转不能直接切换也有利于保护电机。反转电路原理与之相同，便不赘述。

图 5-4（c）所示为在图 5-4（b）的基础上，将复合按钮 SB2、SB3 的动开触点互相串联在对方接触器线圈的通电电路中，这样就不需要先按下停止按钮 SB1，只要按下 SB2 或 SB3，即可实现电动机正反转切换。

以上是继电接触器控制技术在电机控制中的一些简单应用，通过设计更复杂的电路，增加开关数量，灵活应用串并联电路、自锁电路、互锁电路等，能够实现更多的控制功能，在这里便不再赘述。

5.1.2　直流电动机控制技术

直流电动机控制技术是一种较为成熟的机电传动控制技术，应用较为普遍。直流电动机的启动、制动性能良好，而且有较好的调速特性和较大的启动转矩，这些优良的性能让其在焊接自动化领域中获得了广泛的应用。

直流伺服电动机又称为执行电动机，其特点如下：

① 伺服电动机的转速可随控制电压进行连续调节，调节范围较大。

② 转子惯性小，动态响应快，能够快速启动和停转，可控性良好。

③ 控制功率小，过载能力强，稳定性好。

直流伺服电动机按励磁方式可分为电磁式直流伺服电动机和永磁式直流伺服电动机两种。电磁式直流伺服电动机是目前普遍使用的电动机。电磁式直流伺服电动机的励磁方式有他励、并励、串励式三种。本节以他励式直流伺服电动机为例介绍其控制原理。图 5-5 所示为他励式直流伺服电动机的工作原理图。

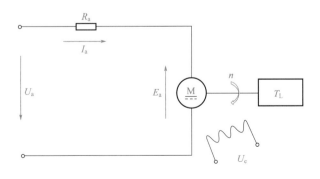

图 5-5　直流伺服电动机工作原理图

根据图 5-5，直流伺服电动机电枢回路的电动势平衡方程式为

$$U_a = E_a + I_a R_a \qquad (5-1)$$

式中　U_a——电枢线圈的控制电压，V；

　　　I_a——电枢线圈的控制电流，A；

　　　R_a——电枢线圈的等效总电阻，Ω；

　　　E_a——电枢线圈的反电动势，V。

其中

$$E_a = C_e \Phi_e n \qquad (5-2)$$

式中　C_e——电动机的电动势常数，只与电动机的结构有关；

　　　Φ_e——励磁磁通，Wb，与励磁电压 U_e 有关；

　　　n——电枢转速，r/min。

电动机的电磁转矩 T_m 为：

$$T_m = C_m \Phi_e I_a \qquad (5-3)$$

式中　C_m——电动机的转矩常数，只与电动机的结构有关，且 $C_m = 0.95 C_e$。

直流电动机的控制分为电动机方向控制和速度控制。

直流电动机的方向控制原理较为简单，就是通过改变电动机的励磁电压或电枢电压的方向来改变电动机的旋转方向，即将励磁线圈或电枢线圈的两个接线端对调就可改变电动机旋转方向。在小功率电动机中，可以通过转换开关或继电器改变电动机的接线；对于较大功率的电动机，则要采用接触器进行电动机接线的转换。

直流电动机的速度控制是指通过改变直流伺服电动机的转子转速、电磁转矩和电枢电压三者之间的关系来改变电动机的机械特性，进而改变电动机运转速度的方法。

根据式（5-1）、式（5-2）可以得出：

$$n = \frac{U_a - I_a R_a}{C_e \Phi_e} \qquad (5-4)$$

因为式（5-4）中的 U_a、R_a、Φ_e 三个参量都可以成为变量，只要改变其中一个参量，就可以改变电动机的转速，所以直流电动机有三种基本调速方法：改变电枢供电电压 U_a；改变电枢回路总电阻 R_a；改变励磁磁通 Φ_e。

（1）改变电枢电压调速

改变电动机电枢电压调速是直流电动机调速系统中应用最广的一种调速方法。这种方法只改变电枢电压，而电动机的工作磁通不会改变，因而在额定电流下，

不论是高速还是低速，电动机都能输出额定转矩，故称这种调速方法为恒转矩调速。这是该调速方法的一个极为重要的特点。

（2）改变电枢回路电阻调速

各种直流电动机都可以通过改变电枢回路电阻来调速，即在电枢回路中串联一个可调电阻 R_W，此时电动机的转速特性为

$$n = \frac{U_a - I_a(R_a + R_W)}{C_e \Phi_e} \tag{5-5}$$

当负载一定时，随着串入的外接电阻 R_W 的增大，电枢回路总电阻增大，电动机转速 n 就降低。如果电枢电流较大，则需要用接触器或主令开关切换来改变 R_W，所以该方法一般只能是有级调节。

（3）改变励磁电流调速

这种方式只适用于电磁式直流伺服电动机，它是通过改变励磁电流的大小来改变励磁磁通 Φ_e，从而改变电动机的转速。

由式（5-5）可看出，电动机的转速与磁通 Φ_e（也就是励磁电流）成反比，即当磁通减小时，转速 n 升高；反之，则 n 降低。由于电动机在额定运行条件下磁场已接近饱和，因而只能通过减弱磁场来改变电动机的转速。因为电动机的转矩 T_m 是磁通 Φ_e 和电枢电流 I_a 的乘积，而且电枢电流不允许超过额定值，所以当电枢电流不变时，随着磁通 Φ_e 的减小，电动机的输出转矩 T_m 也会相应地减小。在额定电压和额定电流下，不同转速时，电动机始终可以输出额定功率，因此这种调速方法称为恒功率调速。

5.1.3　交流电动机控制技术

三相交流电动机分为同步电动机和异步电动机。由于交流异步电动机在焊接自动化中占据主导地位，所以本小节主要介绍异步交流电动机的调速系统。

三相异步交流电动机主要由定子、转子以及其他附件组成。如果将时间上互差 $2\pi/3$ 相位角的三相交流电通入在空间上相差 $2\pi/3$ 角度的三相定子线圈后，将产生一个旋转磁场。电动机的转子线圈将切割磁力线，在电磁力作用下形成电磁转矩 T_m。在 T_m 的作用下，转子将"跟着"定子的旋转磁场旋转起来。

（1）交流电动机的启动和制动控制

① 交流电动机的启动　电动机从静止状态一直加速到稳定转速的过程，叫做

启动过程。交流电动机的启动电流很大，可以达到额定电流的 5 ～ 7 倍，而启动转矩 T_{St} 却不很大，一般为 1.8 ～ 2 倍的负载转矩 T_N。启动转矩决定了启动负载能力，功率较大的电动机提供更高启动负载能力的同时，也需要更大的启动电流，因此，大功率电动机启动时常采用降压启动。

② 交流电动机的制动　电动机在工作过程中，改变电磁转矩方向使其与转子的旋转方向相反，就称作制动状态。

交流电动机的启动和制动控制在本章前面有详细介绍，这里便不赘述。

（2）交流电动机的稳定运行控制

当电动机的电磁转矩与负载转矩相等时，电动机进入稳定运行阶段。如图 5-6 所示为异步交流电动机的机械特性曲线，曲线中的 A 点，电动机的电磁转矩与负载转矩相等，即都为 T_N，该点的转矩平衡方程可近似写成 $T_m=T_N$，此时电动机稳定运行。

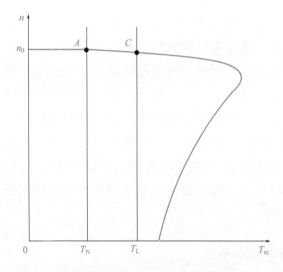

图 5-6　异步交流电动机机械特性

如果电动机负载波动，使负载转矩增大为 T_L。此时电磁转矩 $T_m=T_N < T_L$，电动机将减速。转速下降的同时，电动机的电磁转矩 T_m 增大。当 T_m 增大到与 T_L 相等时，即到达图 5-6 所示曲线中的 C 点时，电动机达到新的平衡并稳定运行，这就是交流电动机的稳定运行控制。

（3）交流电动机的调速控制

根据异步交流电动机的工作原理，可以推导出交流电动机的转速为

$$n = \frac{60 f_1 (1-s)}{p} \qquad (5\text{-}6)$$

式中　f_1——供电频率，Hz；

　　　p——极对数；

　　　s——转差率，$s=(n-n_0)/n_0$；

　　　n_0——旋转磁场转速，r/min。

从式（5-6）可以看出，有三种方法可以调节交流电动机的转速 n，即改变电动机的电源频率、转差率和极对数。

① 改变电动机的转差率　通过改变交流电动机的定子电压、转子电阻、转子电压参数等可以改变电动机的转差率，从而改变电动机转速。需要注意的是，交流电动机的最大转矩与定子电压的平方成正比，降低定子电压的同时会使电动机电磁转矩急剧降低，使电动机带载能力下降，在重载时甚至会停转，引起电动机过热或损坏。因此，该调速方法具有一定的局限性。

② 改变极对数调速　由式（5-6）可知，电动机转速 n 与极对数 p 成反比。但是，电动机极对数 p 的增加是受限制的，因此该方法只适合于转速调节要求少的电动机调速系统。

③ 变频调速　改变定子电源频率可以改变电动机的转速。根据电动机的机械特性曲线可知，为了保持在变频调速时，电动机的最大转矩不变，即过载能力不变，应使定子电压 U_1 与 f_1 一起按比例变化，即 U_1/f_1 为常数。图 5-7 所示为变频调速时的特性曲线，图 5-7（a）所示为变频调速时的机械特性曲线，其中 f_{1N} 是电动机定子电源额定频率，f_1 是电动机定子电源实际频率；图 5-7（b）所示为保持电动机的最大转矩 T_K 为常数的 U_1/f_1 关系曲线。

在交流电动机各类调速方法中，变频变压方法效率最高，性能最佳。采用变频变压调速，能获得基本上平行移动的机械特性，并具有较好的控制特性。随着电力电子技术的发展，各种变压变频交流电动机调速系统正在迅速发展中。

5.1.4　步进电机控制技术

（1）步进电动机原理

步进电动机，顾名思义，通过脉冲信号一个个输入，电动机一步步转动。控制输入脉冲数量、频率及电动机各相线圈的通电顺序，就可以对步进电动机进行各种控制。

反应式步进电动机是应用最广的步进电动机，下面以该类电动机为例，分析步进电动机的工作原理。图 5-8 所示为一台三相反应式步进电动机结构图。

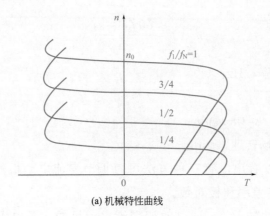

(a) 机械特性曲线

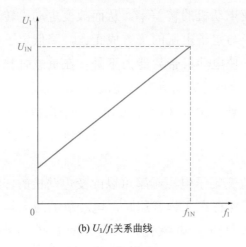

(b) U_1/f_1关系曲线

图 5-7　变频调速

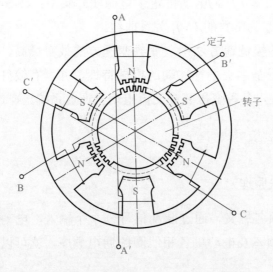

图 5-8　三相反应式步进电动机结构图

092

　　该电动机定子上有六个磁极（大极），每两个相对的磁极（N、S 极）组成一对，共有三对。每对磁极都绕有同一线圈，形成一相。三对磁极有三个线圈，形成三相。在定子磁极的极弧上开有许多小齿，它们大小相同、间距相同。转子上也有圆周均匀分布的小齿，这些小齿与定子磁极上的小齿的齿距相同，形状相似。

　　由于小齿的齿距相同，所以不管是定子还是转子，齿距角 θ_z 的计算公式均为

$$\theta_z = \frac{360°}{z} \tag{5-7}$$

式中　z——转子的齿数。

　　反应式步进电动机的动力来自于电磁力。在电磁力的作用下，转子被强行推动到最大磁导率（或者最小磁阻）的位置［见图 5-9（a），定子小齿与转子小齿对齐的位置］，并处于平衡状态。对于三相步进电动机来说，当某一相的磁极处于最大磁导位置时，另外两相必须处于非最大磁导位置［见图 5-9（b），定子小齿与转子小齿不对齐的位置］。

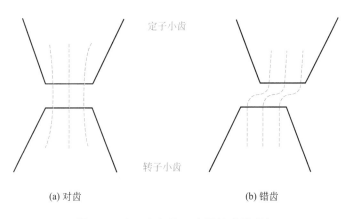

(a) 对齿　　　　　　　　　　　　(b) 错齿

图 5-9　定子齿与转子齿间的磁导现象

　　把定子小齿与转子小齿对齐的状态称为对齿；把定子小齿与转子小齿不对齐的状态称为错齿。在步进电动机的结构中必须保证有错齿存在，也就是说，当某一相处于对齿状态时，其他相必须处于错齿状态。如果给处于错齿状态的相通电，则转子在电磁力的作用下，将向磁导率最大（或磁阻最小）的位置转动，即趋向于对齿的状态转动。步进电动机就是基于这一原理转动的。

（2）步进电动机的驱动方法

　　步进电动机不能直接接到工频交流或直流电源上工作，而必须使用专用的步进电动机驱动器，如图 5-10 所示，它由控制指令环节（给定环节）、脉冲发生器及

控制环节、功率驱动环节以及反馈与保护环节等组成。控制指令环节、脉冲发生器及控制环节可以用单片机或 DSP（数字信号控制器）控制来实现。

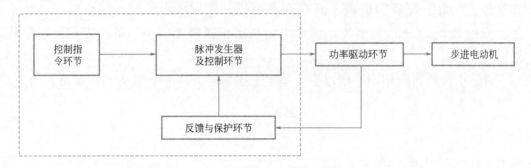

图 5-10　步进电动机驱动控制电路框图

从脉冲发生器及控制环节输出的脉冲控制信号的电流只有几毫安，而步进电动机的定子线圈需要几安培的电流，因此需要特定的功率放大器对脉冲控制信号进行功率放大。

（3）步进电动机的控制

① 步进电动机的升降速控制　反应式步进电动机的转速取决于脉冲频率、转子齿数和相数，与电压、负载、温度等因素无关。当步进电动机的通电方式选定后，其转速只与输入脉冲频率成正比。改变脉冲频率就可以改变转速，实现无级调速，并且调速范围很宽。因此，它可以使用在不同速度的场合。

② 步进电动机的步距角细分　在步进电动机控制高精度焊接工作台时，为了提高控制精度，应减小脉冲当量 δ（脉冲当量表示每一个脉冲，步进电动机驱动工作台走过的距离）。可采用如下方法来实现：

a．减小步进电动机的步距角。

b．加大步进电动机与传动丝杠间齿轮的传动比和减小传动丝杠的螺距。

c．将步进电动机的步距角 θ_b 进行细分。

前两种方法受机械结构及制造工艺的限制实现困难，当系统构成后就难以改变，一般可考虑步距角细分的方法。

所谓细分，也就是将通入每一相的电流进行细分，从而使其产生的扭矩细分，达到细分步距角的目的。所谓细分电路，就是在控制电路上采取一定措施把步进电动机的每一步分得细一些。可以用硬件来实现这种分配，也可由微机通过软件来进行。采用细分电路后，电动机线圈中的电流不是由零跃升到额定值，而是经过若干小步的变化才能达到额定值，所以线圈中的电流变化比较均匀。细分电路不但可以实现微量进给，而且可以保持系统原有的快速性，提高步进电动机在低频段运行的平稳性，克服了传统的驱动电路存在的低频振荡、噪声大、分辨率不高等不足之处，拓宽了步进电动机的应用范围。

5.1.5　电机控制技术应用

电机控制技术就是电动机的启动制动控制、速度控制、方向控制以及转矩控制等。通过设计控制电路，改变电动机的参数，进而改变电动机的机械特性，从而达到对电动机的一系列控制。在现代工业制造业的自动化和智能化的发展进程中，电机控制技术起着至关重要的作用。本小节以步进电机在焊接设备中的控制为例来简要说明电机控制技术的应用。

步进电动机在数字控制焊接工作台系统、焊枪摆动机构以及焊缝自动跟踪系统中得到广泛的应用。步进电动机驱动的焊接平移工作台系统中，步进电动机通过滚珠丝杠带动工作台，按指令要求进退；每接收一个脉冲，步进电动机就转过一个固定的角度，经过传动机构驱动工作台，使之按规定方向移动一个脉动当量的位移。指令脉冲总数决定了工作台的总位移量，而指令脉冲的频率决定了工作台的移动速度。每台步进电动机可驱动一个坐标的伺服机构，利用一个、两个或三个坐标轴联动能够对直线、平面和空间几何形状的焊缝进行焊接。

图 5-11 所示为一个二维数控焊接工作台。将事先编制的系统软件固化在单片计算机的存储器中。利用软件程序控制，输出系列脉冲，再经光电隔离、功率放大后驱动各坐标轴（x、y 方向）的步进电动机，完成对焊接位置、轨迹和速度的控制。

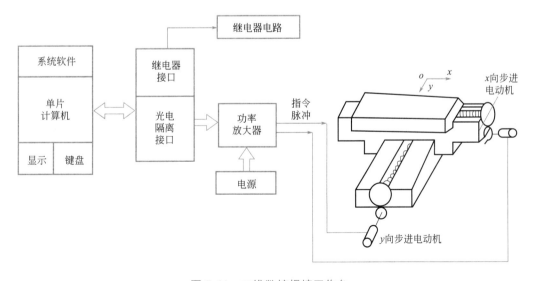

图 5-11　二维数控焊接工作台

5.2 单片机控制技术

5.2.1 单片机原理

单片机是单片微型计算机的简称，是指在大规模集成电路芯片上制成的微型计算机。单片机与传统计算机相比，具有的优点是体积小、功耗低、性价比高、应用灵活等。单片机通常是嵌入到实际产品中发挥控制作用的，因此，单片机又被称为嵌入式微控制器。

单片机的主要特点是实现了微机电路结构的超小型化，其电子集成度达到每片集成 2 万个以上晶体管，其体积小，价格低，RAN、ROM、I/O 接口等资源齐全，特别适合用作机电一体化设备、智能化仪器、仪表以及现代家用电器的控制核心。单片机还有以下特点：

① 可靠性好，抗干扰能力强。对于强磁场环境易于采取屏蔽措施，可适应在恶劣环境下的工作。

② 体积小，集成度高，易扩展。芯片内部功能齐全，灵活性好，易于开发。芯片外部有许多供扩展用的三总线及串、并行输入 / 输出引脚，便于与各种芯片建立通信。

③ 控制功能强。单片机本身就是面向工业控制而研发的，其内部具有较丰富的指令系统，包含各种控制转移指令和针对 I/O 口的各种操作指令，能满足各种控制目的的需求。

单片机发展到现在已有上千个单片机品种，这些单片机性能各异，应用场景也各有不同。但从应用和普及程度来看，Intel 公司的 MCS-51 系列和 Atmel 公司的 AT89 系列 8 位单片机都是最为常用的单片机产品。51 系列的单片机是 8 位的 CPU，处理速度不太高、功能较简单，但能够满足大部分控制系统的功能需求，且价格低廉，易于开发，受到众多厂家的青睐，许多厂家也在不断改进和完善 8 位机，因此，8 位的单片机在以后很长一段时间内仍将是一个主流。本文将以 AT89S51 为例简要讲解一下单片机的组成和结构。

AT89S51 单片机结构功能框图如图 5-12 所示。内部总线将中央处理器 CPU、内部数据存储器 RAM、程序存储器 ROM（只读存储器）、中断系统、定时器 / 计数器、I/O 接口等半导体集成电路芯片集成在一块电路芯片上，构成了一个完整的计算机硬件系统。

单片机内部最核心的部分是 CPU，其主要功能是读入并分析每条指令，根据各指令的功能产生各种控制信号，利用各种特殊功能寄存器设置控制信号反映控制状态，从而控制存储器、输入 / 输出端口进行数据传送、数据算术及逻辑运算和位操作处理等。单片机的 CPU 从功能上可分为控制器和运算器两部分。

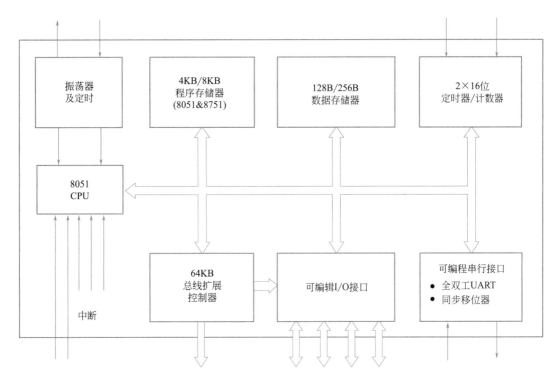

图 5-12　AT89S51 单片机结构功能框图

（1）控制器

控制器由定时控制，时序电路，指令译码器 ID，指令寄存器 IR，程序计数器 PC，双数据指针 DPTR、DPTR1 及转移逻辑电路等组成。控制器是单片机的指挥中心，是发布操作命令的机构。其功能是取出程序存储器的程序指令进行译码，通过定时控制电路，在规定的时刻发出各种操作所需的全部对内和对外控制信号，使各部件协调工作，完成程序指令所规定的功能。

（2）运算器

运算器主要由算术 / 逻辑运算部件 ALU，累加器 Acc，寄存器 B，暂存器 TMP1、TMP2，程序状态寄存器 PSW，堆栈指针 SP，布尔处理器等组成。运算器的主要功能是实现数据的算术和逻辑运算、十进制数调整、位变量处理及数据传送操作等。

AT89S51 系列单片机其余组成部分简略介绍如下：

① AT89S51 系列单片机外部通常有 40 个引脚，按功能可分为：电源引脚、时

钟信号引脚、控制信号引脚和输入／输出引脚。

② AT89S51 系列单片机的程序存储器与数据存储器各自独立编址，但在物理结构上有片内程序存储器、片外程序存储器、片内数据存储器和片外数据存储器 4 个存储空间。

③ AT89S51 系列单片机时序的基本单位有振荡周期、状态周期、机器周期和指令周期。其时钟信号可以由内部时钟方式和外部时钟方式得到。

④ AT89S51 系列单片机有上电复位、手动复位和自动复位三种常见的复位电路。复位操作使单片机的程序计数器 PC 和特殊功能寄存器恢复初始状态。

⑤ AT89S51 系列单片机有 P0、P1、P2 和 P3 四个并行 I/O 口。4 个端口中，除 P1 端口只能作为输入／输出端口使用外，其他 3 个端口均具有第二功能。

5.2.2 单片机通信技术

在实际应用中，计算机与外部设备之间，计算机与计算机之间常常要进行信息交换，所有这些信息的交换均称为"通信"。单片机通信技术是指单片机与外部设备或单片机与单片机之间的信息交换。通信技术有并行通信和串行通信两种方式，如图 5-13 所示。在多微机系统以及现代测控系统中信息的交换多采用串行通信方式。

并行通信通常是将数据字节的各位用多条数据线同时进行传送的通信方式，图 5-13（a）为并行通信方式的示意图。并行通信控制简单、传输速度快；由于传输线较多，长距离传送时成本高且接收方的各位同时接收存在困难。在单片机中，一般常用于 CPU 与 LED、LCD 显示器的连接，CPU 与 ADC、DAC 之间的数据传输等。

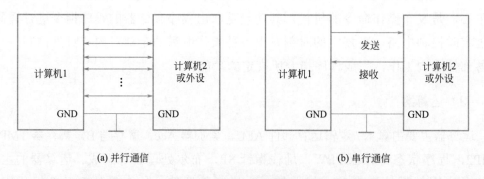

图 5-13 通信的两种基本方式

串行通信是指发送数据的一方自动地将数据经过串行输入输出口（内有接口集成电路，具有自动将并行数据转换到串行数据的功能，一般兼有反转换功能，以便进行双向传输）一位一位地进行发送，当接收方的串行输入输出口接收到全部数据后，就会自动转换为并行数据，并存放在存储单元中。图 5-13（b）为串行通信的示意图。串行通信传输线少，长距离传送时成本低；且可以利用电话线等现成的设备，但数据的传送控制比并行通信复杂，且传送速度慢。由于数据传输在发送端和接收端都需要串并行转换，为确保传送数据准确无误，传送的数据必须符合规定的格式及约定，这些约定称为串行通信协议或规程。

按照串行通信的时钟控制方式，串行通信可分为异步通信与同步通信两种基本方式。

① 异步通信　异步通信是指通信的发送与接收设备使用各自的时钟来控制数据的发送和接收过程。异步通信的特点：不要求收发双方时钟的严格一致，实现容易，设备开销较小，数据在线路上传送不连续，在传送时，数据是以字符为单位组成字符帧进行传送的。但每个字符要附加 2 ～ 3 位用于起止位，各帧之间还有间隔，因此传输效率不高。

② 同步通信　同步通信是一种连续串行传送数据的通信方式，一次通信只传输一帧信息，即一次传送一组数据。同步通信可以实现高速度、大容量的数据传送，但由于要建立发送方时钟对接收方时钟的直接控制，使双方达到完全同步，实现较为困难，故常用异步通信格式。

串行通信的传输方向有单工、半双工和全双工三种，如图 5-14 所示。

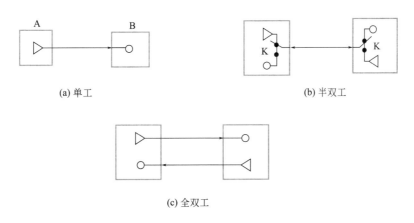

(a) 单工　　　　　　　　　　(b) 半双工

(c) 全双工

图 5-14　通信传输方向分类示意图

① 单工　单工是指通信线的一端接发送器，一端接接收器，数据传输仅能沿一个方向，不能实现反向传输。

② 半双工　半双工是指数据传输可以沿两个方向，但不能同时进行。每个通信设备都有一个发送器和一个接收器，但由于接收与发送数据共用一条通信回路，所以发送与接收数据需要分时进行。

③ 全双工　全双工是指数据可以同时进行双向传输，即有两个独立的通信回路。一般全双工传输方式的线路和设备较复杂。

在实际应用中，多运用半双工传输方式，这种用法简单、实用。

串行通信数据传输速率常用波特率来表示。所谓波特率是指每秒钟传输的二进制代码的位数，即 1 波特 =1 位 / 秒（1bit/s）。应注意的是，这里的"位"不仅包括有效数据位，还包括起始位、奇偶校验位和停止位。国际规定的标准波特率系列为 110bit/s、300bit/s、600bit/s、1200bit/s、1800bit/s、2400bit/s、4800bit/s、9600bit/s 和 19200bit/s。如每秒传送 240 个字符，而每个字符格式包含 10 位（1个起始位、1 个停止位、8 个数据位），这时的波特率为：

$$10 \text{ 位} \times 240 \text{ 个} / \text{秒} = 2400\text{bit/s}$$

为确保通信双方数据收发的正确无误，必须事先签定通信协议和规程，否则会造成通信混乱。主要对通信传输波特率、数据位、奇偶校验位、停止位和"硬件握手应答方式"等诸项要约定，必须保持一致。有时，为了提高通信的可靠性，还要签定软件通信协议，如"正文开始"和"正文结束"等，可利用专门的标准化的 ASCII 码通信控制信号对通信进行控制。国际上常用的串行通信接口的标准形式有 RS232C、RS422 和 RS485，最常用的是 RS232C。不过，在不加调制解调器的情况下，由于 RS422 和 RS485 比 RS232C 通信距离远，故在工业控制中，RS422 和 RS485 串行通信形式的应用也较广泛。

5.2.3　单片机中断技术

在单片机的 CPU 和外部设备进行信息交换时，会出现高速 CPU 与低速外设间的速度不匹配问题，会造成 CPU 效率的浪费；在基于单片机控制的机器突发意外事件时，如果不能及时对各种紧急状况做到实时处理，会对实际生产造成难以预料的问题。针对以上两种单片机应用中会出现的情况，通常采用的解决方法只有一个，那就是应用中断技术。中断技术是计算机技术中一个基本而又重要的概念，应用也极其广泛。

中断是指 CPU 在执行程序的过程中，当某种特殊状态出现时，CPU 暂停现在正在执行的程序，转向去对引起特殊状态的事件进行处理，处理完毕后再返回继续执行原来程序的过程。简单地说，中断就是在运行一段程序的过程中由于某种原因临时插入了另一段程序的运行，该过程可以用图 5-15 来描述。当 CPU 在执行主程序时，接收到一个外部程序的中断请求，CPU 停止主程序去执行这个发出请求的外部程序，执行完毕后，再返回中断点，继续执行主程序。其中提出中断请求信号的设备或部件叫做中断源，CPU 接受中断请求去执行的那段程序叫做中断服务程序或中断处理子程序。CPU 根据中断请求信号去执行中断处理子程序的过程叫做中断响应。

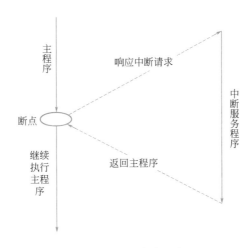

图 5-15　中断响应示意图

中断是单片机实时处理内部或外部事件的一种内部机制，中断技术有以下特点：中断的发生是随机的；中断是在满足中断条件后，由硬件自动执行的；中断的发生会受到一些程序以外因素（串口缓冲的状态变化、定时/计数器产生溢出、某些外部引脚接收到触发信号等）的影响。

正如上边提出的问题，中断技术可以解决高速 CPU 与慢速外设工作速度不匹配的矛盾。在外设还未做好输入输出准备以及在数据传输的间隔时间里，让 CPU 去做其他工作，只有在外设进行实际数据传输时，才利用中断技术让 CPU 及时转而处理传输的数据，以避免造成 CPU 效率的浪费。中断技术也可以很好地实现实时控制。系统通过借助中断技术，可以实时调用 CPU 去处理随机发生紧急情况，当故障出现时，由故障源向 CPU 请求中断，CPU 可以及时转向去进行紧急处理，可以极大地避免故障本身以及故障的累积对系统工作造成的影响，保证系统的稳定性。

AT89S51 系列单片机一共有五个中断源：

① 外部中断 0 中断（INT0）和 1 中断（INT1），当与之对应的引脚接收到低电平信号或者下降沿信号时，会立即向 CPU 提出中断请求。

② 定时/计数器 0 中断（T0）和 1 中断（T1），当定时/计数器做加 1 计数，加到回零溢出时会立即向 CPU 提出中断请求。

③ 串行口发送/接收中断（TI/RI），51 系列单片机的串行口在完成一帧数据的发送或接收时，会立即向 CPU 提出中断请求。

中断系统内部预先安排的中断响应次序称为中断优先级。AT89S51 系列单片机的中断系统设有两级中断优先级，即高优先级"1"级和低优先级"0"级。各中断源对应的优先级需要通过软件设定。一旦设定完成，在多个中断源同时发出中断请求时，CPU 将优先响应高级优先级的中断请求。另外，如图 5-16 所示，当 CPU 在执行低级优先级中断服务程序时，接收到了高级优先级的中断请求时，CPU 会再次响应高级中断请求，暂停目前正在执行的处理，转而执行高级中断服务程序。这种在中断过程中开启了另一个中断处理的过程称为中断嵌套。

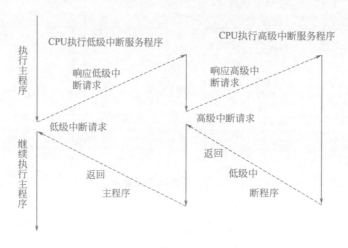

图 5-16　两级中断嵌套的执行过程

当 CPU 响应中断后，应及时撤除该中断源的中断请求标志，以避免引起重复的中断响应。对于定时 / 计时器以及由下降沿引起的外部中断而言，硬件会自动清除中断请求，无需处理；对于串口发送 / 接收中断请求标志而言，需要在响应后用 CLR 指令清除。对于由低电平信号引起的外部中断，通常借助 D 触发器与指令相结合的方法来撤除低电平信号。

中断服务程序应在程序末尾写上返回指令，当执行完所需工作后，通过返回指令返回到断点。中断服务程序使用的返回指令为 RETI。该指令除了具有和普通返回指令 RET 相同的功能，即将堆栈栈顶两个单元的内容（断点地址）弹出给 PC 以返回断点，之外还会将相应中断优先级状态触发器清零，以此通知中断系统中断服务程序已执行完毕，不再屏蔽同级或低级中断源的中断请求。

5.2.4　单片机控制及应用

在实际应用中，单片机是产品的核心控制单元，其主要作用是将产品内部各部件协调运作，使其尽最大可能发挥作用，同时要与外部相联系，提供给用户一个友好的工作界面。单片机的应用系统和一般的计算机应用系统一样，也是由硬件和软件组成。硬件主要是指由单片机、扩展存储器、输入 / 输出设备、控制设备、执行部件等组成的系统。软件主要是各种控制程序的总称。本节主要通过举例说明单片机控制在焊接自动化设备中的应用。

在换热器中的管板焊接中，需要将大量的管焊接到板上，有较多环形焊缝的焊接任务。在进行环形焊缝焊接时，需要焊工把持焊枪做圆周运动，而且对焊接的起弧和灭弧时间控制有较高的要求。这种焊接任务对于焊工来说是一件强度大、复杂、不容易完成的工作。因此，一些针对环焊缝的自动焊机应运而生，如图 5-17 所示是一种管板自动焊机，适用于一定尺寸的管道环焊缝的自动焊接过程，能够提高焊接效率，获得良好的焊缝成形。

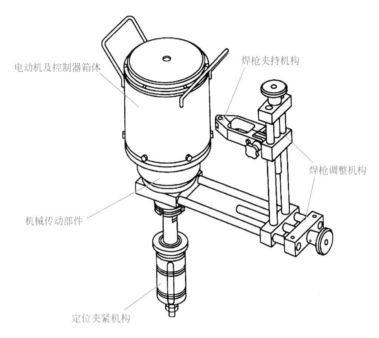

图 5-17　管板自动焊机

这种管板自动焊机采用的是立柱式结构形式，其主体结构包括工件定位夹紧机构、电动机及机械传动部件、焊枪夹持及调整机构和控制器箱体五部分。工件定位夹紧机构主要用于夹紧不同孔径的待焊管道。电动机及机械传动部件由两对行星齿轮构成的两级减速器和步进电动机组成，保证足够的力矩，能够带动焊枪做稳定的圆周运动。焊枪夹持机构及调整机构主要是固定焊枪，同时要确保焊枪有一定的倾斜角度调节范围以及在横向和纵向两个方向的移动。控制器箱体为圆筒状，内装有步进电动机及其驱动器、单片机控制系统等，箱体表面嵌有按键和电子显示屏。

根据管板环焊缝的焊接工艺要求，单片机控制系统要实现对焊枪的圆周运动和焊枪起弧与灭弧的控制。本控制系统设计的功能如下：

① 焊枪做圆周运动，其旋转角度可调。

② 焊接方式有连续焊接与断续焊接两类，其中断续焊接需要控制焊接时间和停焊时间。

③ 按键及显示模块要实现启动、暂停与终止管板焊机的工作以及设置相关参数并显示。

根据上述功能要求，管板自动焊接单片机控制系统设计如图 5-18 所示。系统以单片机为核心，单片机型号为 AT89S51，内置 8KBflash；选用 24V 直流电源，用于给单片机、步进电动机及其驱动器供电；步进电动机及其驱动器用于控制焊枪做圆周运动，单片机产生脉冲信号经过 I/O 引脚输出到步进电动机驱动信号放大器，经过信号放大后送给步进电机，控制步进电机进行精确的圆周运动；采用电子显示屏，用于焊接相关参数的显示；固态继电器用于电气隔离，控制焊枪的起弧与熄弧；设置四个按键，功能分别为启/停键、暂停键以及两个参数设置键（用于参数的加减控制）。

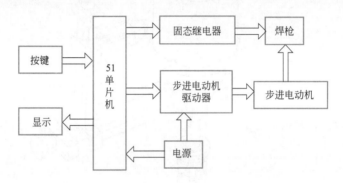

图 5-18　管板自动焊单片机控制系统

根据焊接工艺要求和焊接操作规程，管板自动焊接系统控制流程分为初始状态、引弧状态、焊接状态、暂停状态和停止状态。

① 系统通电后自动进入初始状态，初始状态也是焊前准备状态，主要进行焊接参数的设置和修改。

② 引弧状态，焊接引弧过程较为不稳定，会存在焊接电流、电压不稳定等因素造成起弧过程电弧不稳定，因此，起弧时，要预留一定延迟时间，待电弧稳定后再进行焊接操作。

③ 根据焊接工艺要求不同，焊接状态工作模式分为三种，分别是连续模式、断续模式 0、断续模式 1。其中，连续模式是指焊枪将根据设定的焊接旋转角度连续地进行焊接；断续模式是指焊枪根据设定旋转角度断续地焊接。断续模式 0 与模式 1 的区别是模式 0 焊接时，在设定的旋转角度范围内，停止焊接，焊枪仍会继续移动，而模式 1 停焊时焊枪停止旋转，引焊后焊枪从停止点继续旋转。

④ 暂停状态有两种模式，一种是手动暂停、另一种是自动暂停，针对断续模式 1 而定义的。

⑤ 当焊接完成或焊接过程中需要按下启停键终止焊接，则进入停止状态。处

在该状态时设置复位相关参数并进入初始状态。

管板自动焊机的控制流程如图 5-19 所示。

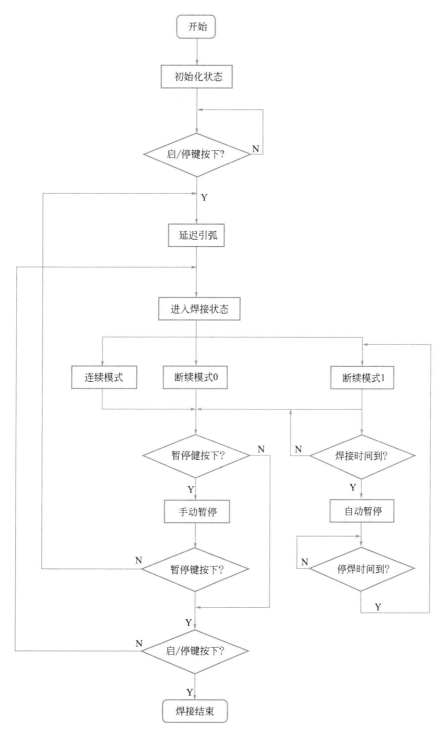

图 5-19　管板自动焊机的控制流程图

5.3 PLC 控制技术

5.3.1 PLC 控制技术基础

随着现代生产制造技术的发展和进步，工业生产自动化水平日益提高，产生了一种新型的工业控制装置——可编程序逻辑控制器（Prgrammable Logic Cntroller，PLC）。PLC 是以微处理器为核心，综合计算机技术、自动控制技术和通信技术发展起来的一种新型工业自动控制装置。它不仅具有逻辑、排序、定时、计数及算术运算等功能，还可以接收各种数字信号、模拟信号，进行逻辑运算、函数运算和浮点运算等，并通过数字或模拟输入/输出模块控制各种形式的机器及过程。PLC 基本满足了工业自动化生产领域中 80% 以上的控制需要，且由于它具有较高的可靠性和性价比，使它在石油、化工、冶金、采矿、汽车、电力等行业中得到了广泛的应用，在焊接自动化领域的应用也越来越普遍。

PLC 的特点是：

① 可靠性高，抗干扰能力强；

② 具有很好的柔性，减少了控制系统设计及施工的工作量；

③ 编程简单，控制程序可变，使用方便；

④ 功能完善，扩展方便，组合灵活；

⑤ 体积小、重量轻、节能。

可编程序控制器主要由中央处理单元（CPU）、存储器、输入/输出单元、电源单元、I/O 扩展接口、存储器接口、编程装置及外部设备接口等组成。PLC 的结构框图如图 5-20 所示。

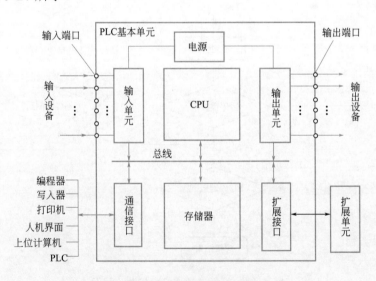

图 5-20　PLC 结构框图

（1）中央处理单元（CPU）

中央处理单元一般由控制器、运算器和寄存器组成，是整个 PLC 的核心，是 PLC 的运算和控制中心，在系统程序的控制下，通过运行用户程序实现所需要的控制、处理、通信等功能，实现系统控制功能，并协调系统内部各部分的工作。

（2）存储器

存储器是 PLC 存放系统程序、用户程序以及运行数据的单元。它包括系统存储器和用户存储器。系统存储器是用于存放系统程序如指令、管理等程序，这部分存储器，用户不能访问；用户存储器用于存放用户编写的应用程序。

（3）输入 / 输出单元

输入 / 输出单元是 PLC 与工业过程控制现场连接的接口。由于 CPU 能够处理的信号只能是标准电平信号，而实际工程的现场信号、按钮信号、行程开关、限位开关以及传感器输出信号等都具有各自的特点，所以要实现 CPU 对各种外界信号的识别和处理，就要进行信号转换。而输入 / 输出单元 I/O 接口电路的作用就是实现信号的电平转换、数据缓冲、信号隔离等，进而保证 CPU 对各种外界信号的识别和处理。

（4）电源

PLC 电源单元的作用是将外部电源（220V 的交流电）转换为内部工作电源（DC5V、12V）。PLC 的内部含有一个开关式稳压电源，用于提供 PLC 内部电路供电。有些 PLC 还有 DC24V 输出，可以用于对外部器件的供电。

（5）扩展接口

扩展接口往往采用总线形式，用于将输入 / 输出扩展单元或者模块与主机相连，也可以连接模拟量处理、位置控制等功能模块以及通信模块。

（6）存储器接口

存储器接口用于存储用户程序以及扩展用户程序的存储区、数据存储区，用户可以根据需要扩展存储空间，其连接也是应用总线技术。

（7）外部设备接口

外部设备接口可以用于连接计算机、编程器及打印机等，并能通过外设接口组成 PLC 的控制网络。可以通过这个接口实现对 PLC 的编程、监控以及联网等功能。

（8）编程装置

编程器是专门用于用户程序编制的装置。它可以用于用户程序的编制、编辑、调试和监视；还可以通过其键盘去调用和显示 PLC 的一些内部状态和系统参数。它经过接口与 CPU 连接，完成人 - 机对话连接。

常见的编程装置有手持式编程器和采用计算机编程方式。手持式编程器是以 PLC 的汇编语言（助记符语句表，有的也可以图形方式）通过有限的专用键来输入实现编程，它体积小、便于携带，适合于现场调试或规模比较小的应用程序的输入和调试；目前大多数厂商都开发了用于计算机的编程软件，因而可以利用计算机来代替手持编程器编程。

PLC 的软件系统由系统程序和用户程序两大部分组成。系统程序由管理程序（运行管理、内部自检、生成用户元件）、编辑程序、用户指令解释程序、功能子程序及调用管理程序组成。系统程序由厂家设计完成，提供了 PLC 的运行平台。用户程序是用户采用 PLC 厂家提供的编程语言，根据工业现场的控制要求来设计编写的程序。

5.3.2　PLC 通信技术

计算机与其他设备间的数据交换称为通信。根据通信对象的不同，PLC 通信包括 PLC 与外部设备的通信和 PLC 与系统内部设备的通信。信息交换对象不同，但信息交换原理是相同的。

PLC 与外部设备的通信，分为 PLC 与计算机之间的通信、PLC 与通用外部设备之间的通信。区别在于计算机具有通信处理能力，可以发出通信控制指令，而外部设备只具有标准通信接口（如 RS232、RS422/485 等），但没有通信处理能力，不能向外发出通信控制指令。因此，当 PLC 与计算机进行通信时，计算机一般作为上位机对 PLC 发出指令，启动数据传输过程，PLC 一般处于"从站"的地位，以接受通信指令为主。当 PLC 与通用外部设备进行通信时，PLC 发出通信控制命令，处于"主站"的地位，外部设备以接收通信指令为主。PLC 与打印机，PLC 与条形码阅读器，PLC 与文本操作、显示单元的通信等，都属于这一类通信。

PLC 与系统内部设备之间的通信，分为 PLC 与远程 I/O 之间的通信、PLC 与其他内部控制装置之间的通信和 PLC 与 PLC 之间的通信三种情况。PLC 与远程 I/O 之间的通信主要是通过使用串行通信对 PLC 的 I/O 连接范围进行的延伸与扩展，减少 PLC 与远程 I/O 模块连接的电缆的使用。PLC 与其他内部控制装置之间的通信是指 PLC 通过通信接口（如 RS232、RS422/485 等），与系统内部不属于 PLC 范畴的其他控制装置之间的通信。比如 PLC 与变频调速器、伺服驱动器的通信，

PLC 与各种温度自动控制与调节装置、各种现场控制设备的通信等。PLC 与 PLC 之间的通信主要应用于 PLC 网络控制系统。通过通信连接，将各自独立的 PLC 组成工业自动化系统的"现场总线"网络（称为 PLC 链接网），并通过各种通信线路与上位计算机连接，组成规模大、功能强、可靠性高的综合网络控制系统，实现 PLC 控制设备的集中统一管理。

PLC 通信系统的基本通信方式可分为两种类型：并行通信与串行通信。这两种通信方式在单片机通信章节有详细叙述，这里就不再赘述。由于串行通信需要的信号线少，成本低，适用于远程通信的场合，在 PLC 网络系统中得到了广泛的应用。

PLC 通信通常采用异步串行通信方式。异步通信传输的数据以字符为单位，而且字符间的发送时间是异步的。也就是说，后一个字符数据组的发送时间与前一个字符数据组无关。图 5-21 是异步串行通信的数据传送格式，在每组数据的前面和后面分别加上一位起始位和一位停止位。通常规定起始位是"0"，停止位为"1"。在数据后可以附加奇偶校验位，以提高数据位的抗干扰性能。这样组合而成的一组数据被称为一帧（frame）。通信双方需要对采用的信息格式和数据的传输速率做相同的约定。接收方检测到停止位和起始位之间的下降沿后，将它作为接收的起始点。由于一个字符中包含的位数不多，即使发送方和接收方的收发频率略有差异，也不会因为两台设备之间的时钟周期的积累误差而导致信息的发送和接收错位。

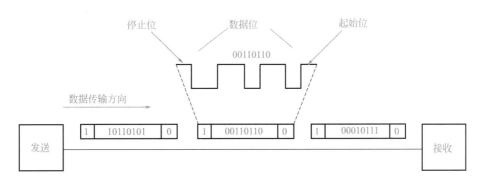

图 5-21　异步串行通信的数据传输示意图

5.3.3　PLC 中断技术

根据中断源的不同，可将 PLC 的中断分为通信口中断、输入输出中断和时基中断。

通信口中断是指 PLC 的通信口模式为自由端口模式，在自由端口模式下，PLC 的串行通信口可由程序来控制，利用接收和发送中断简化程序对通信的控制。

用户可以用程序定义波特率、每个字符位数、奇偶校验和通信协议。

I/O 中断包含了上升沿或下降沿中断、高速计数器中断和脉冲串输出（PTO）中断。PLC 通过将这些上升沿、下降沿事件作为某个事件发生时必须引起注意的条件，并可以被输入点捕获产生中断。高速计数器中断允许响应诸如当前值等于预置值、相应于轴转动方向变化的计数方向改变和计数器外部复位等事件而产生的中断。每种高速计数器可对高速事件实时响应，而 PLC 扫描速率对这些高速事件是不能控制的。脉冲串输出中断给出了已完成指定脉冲数输出的指示。步进电动机的控制是脉冲串输出的一个典型应用。

时基中断包括定时中断和定时器 T32/T96 中断。定时中断即通过定时器指定一个特定的时间，每当定时器溢出时，定时中断事件就会把控制权交给相应的中断程序。通常可用定时中断以固定的时间间隔去控制模拟量输入的采样或者执行一个 PID 回路。当把某个中断程序连接到一个定时中断事件上，如果该定时中断被允许，就开始计时。在连接期间，无法改变周期时间，改变的周期时间值只有在中断程序重新连接时，通过定时中断程序清除前一次连接时的累计值，才会生效。定时器 T32/T96 中断允许及时地响应一个给定的时间间隔。这些中断只支持1ms 分辨率的延时接通定时器（TON）和延时断开定时器（TOP）T32 和 T96。一旦中断允许，当有效定时器的当前值等于预置值时，在 CPU 的正常 1ms 定时刷新中，执行被连接的中断程序。首先把一个中断程序连接到 T32/T96 中断事件上，然后允许该中断。

在 PLC 的中断系统中，将全部中断事件按中断性质和轻重缓急分配不同的中断优先级，使得当多个中断事件同时发出中断请求时，按照优先级由高到低进行排队。优先级的顺序按照中断性质依次是通信中断、脉冲输出中断、外部输入中断、高速计数器中断、定时中断、定时器中断。

在使用中断程序时应注意：

① 在一个程序中若使用中断功能，则至少要使用一次中断允许指令，不然程序中的中断连接指令无法完成使能中断的任务。

② 多个事件可以调用同一个中断程序，但同一个中断事件不能同时指定多个中断服务程序。否则，在中断允许时，若某个中断事件发生，系统默认只执行为该事件指定的最后一个中断程序。

③ 当系统由其他模式切换到 RUN 模式时，会自动关闭所有的中断。可以通过编程，用使能输入执行中断允许指令来开放所有的中断，以实现对中断事件的处理。

④ 中断禁止指令使全局的所有中断程序不能被激活，但允许发生的中断事件等候，直到使用中断允许指令重新允许中断。

5.3.4　PLC 编程

PLC 是专为工业生产过程的自动控制而开发的通用控制器，它的主要使用对象是广大工程技术人员及操作维护人员，为了符合他们的使用习惯，PLC 设计了它特有的编程语言。常用的有梯形图 LAD（Ladder Diagram）、利用助记符编写的语句表 STL（Statement List）、顺序功能图 SFC（Sequential Function Chart）等，并通过 PLC 的编译系统将 PLC 编程语言中的文字符号和图形符号编译成机器代码。

梯形图是从继电器控制系统的电路图演变而来的编程语言，这种语言形式所表达的逻辑关系简明、直接，是各种 PLC 通用的编程语言。PLC 的梯形图编程语言隐含了很多功能强而使用灵活的指令。它是融逻辑操作、控制于一体，是一种面向对象的、实时的、图形化的编程语言。由于这种语言可完成全部控制功能，因此梯形图是 PLC 控制中应用最多的一种编程语言。尽管各厂家所生产的 PLC 所使用的符号及编程元件的编号方法不尽相同，但梯形图的设计与编程方法基本上大同小异。

如图 5-22 所示，它是用各种图形符号连接而成的，其图形符号分别表示常开触点、常闭触点、线圈和功能块等，梯形图的每一个触点均对应有一个编号。不同机型的 PLC，其编号方法不同。

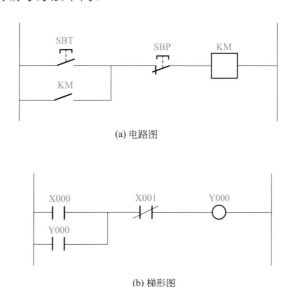

(a) 电路图

(b) 梯形图

图 5-22　电路图与梯形图比较

PLC 控制中用梯形图编程虽然直观、简便，但它要求 PLC 配置具有 CRT 显示方式的台式编程器或采用计算机系统以及专用的编程与通信软件方可输入图形符号。这在有些小型机上常难以满足，或者受控制系统现场条件的限制，系统调试不方便。这种情况下就需要用到助记符语言，助记符语言类似于计算机汇编语言，是用指令的助记符来编写 PLC 命令的语句表达式来进行编程。通过简易的盒式编程器将助记符语言的程序输入到 PLC 中，就可以进行现场调试、完善程序等操作。

梯形图直观易懂，是 PLC 控制中应用最多的一种编程语言，往往可以与助记符语句表联合使用，完成 PLC 控制的软件设计。

PLC 的编程应该遵循以下基本原则：

① 外部输入、输出、内部继电器（位存储器）、定时器计数器等器件的触点使用次数是无限制的。因为触点相当于对存储单元进行读操作，无论读多少次，存储内容始终不受影响。只读的特殊继电器不能由程序控制，所以在程序中只能使用它们的触点，不能出现它们的线圈。

② 梯形图左、右两条垂直线分别称为起始母线、终止母线。梯形图按自上而下、从左到右的顺序排列。每一个继电器线圈为一个逻辑行，称为一个梯形。每个逻辑行必须从起始母线开始画起，结束于终止母线（终止母线可以省略）。两母线之间为触点的各种连接。

③ 在梯形图的某个逻辑行中，有多个并联支路串联时，并联触点多的支路应放在左方。如果将并联触点多的支路放在右方，则语句增多，程序变长，如图 5-23 所示。

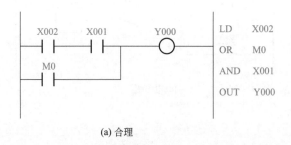

(a) 合理

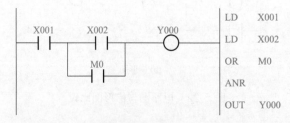

(b) 不合理

图 5-23　梯形图编程

④ 梯形图的最右侧必须连接输出元素或功能块。输出元素包括输出继电器、计数器、定时器、辅助继电器等，一般用圆圈表示，相当于继电器的线圈。

⑤ 在梯形图中串联触点、并联触点的使用次数没有限制，可无限次地使用。应把串联多的电路块尽量放在最上边，把并联多的电路块尽量放在最左边，这样可节省指令条数。

⑥ 在编程时，应对所使用的元件进行编号，PLC 是按编号来区别操作元件的，而且同一个继电器的线圈和触点要使用同一编号。

5.3.5　PLC 在托辊双端自动焊接中的应用

托辊是带式输送机的重要部件，用来承受输送带和物料的重力。托辊材料为碳素钢，结构为圆筒状，托辊焊缝主要是指托辊两端的环焊缝，一般选用熔化极气体保护焊方法进行焊接。

如图 5-24 所示为 PLC 控制的托辊双端自动焊接系统。系统主要由 PLC 控制箱、床身、主轴箱（固定）、尾座（移动）、左右滑台、托架、工具头、传动机构、焊接电源等构成。其中，PLC 控制箱的系统示意图如图 5-25 所示。

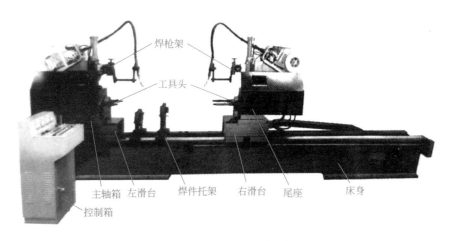

图 5-24　托辊双端自动焊接系统

托辊焊件自动焊接的基本流程图如图 5-26 所示，根据托辊焊件长度，驱动电动机使尾座到达合适位置，升起托架，操作人员将托辊放到托架上，左右滑台顶进将焊件夹紧固定；托架下落到指定位置；焊枪由气缸驱动到达焊接位置，引弧焊接，同时主轴电动机旋转；当电动机带动托辊旋转至 360°时，表明环缝焊接基本完成，开始收弧，环缝搭接一段，搭接长度在 5 ~ 10mm，然后熄弧，同时主轴电动机停转，焊枪回退，托架升起，左右滑台退回，操作人员将焊接完成的焊件取下。

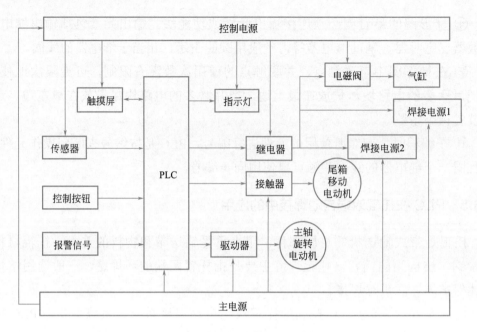

图 5-25　PLC 控制箱系统示意图

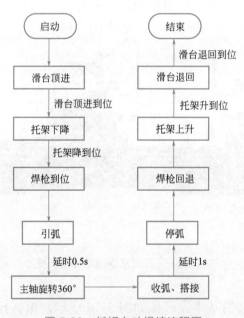

图 5-26　托辊自动焊接流程图

　　根据自动焊接流程的控制要求进行 PLC 控制程序设计。控制程序分为手动运行和自动运行两部分，分别满足不同的焊接需求。

（1）手动运行程序设计

　　手动运行是指设备的所有动作由操作者按动按钮发出指令来完成且为单步运

行，指令消失动作即停止。在设备调试和故障处理时通常使用手动运行来操作设备。对于该系统，手动运行就是通过操作盒按钮来发出指令，执行机构按照指令运行。程序设计中需要完成 PLC 输入与输出的对应，如图 5-27 所示。

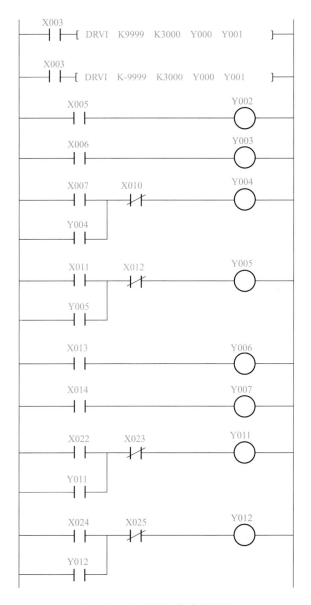

图 5-27 手动运行程序梯形图

（2）自动运行程序设计

自动运行是指设备根据程序设定的顺序依次完成所有动作。设备正常焊接时主要采用自动运行程序。根据图 5-26 所示的托辊自动焊接流程图编写的自动运行程序梯形图如图 5-28 所示。

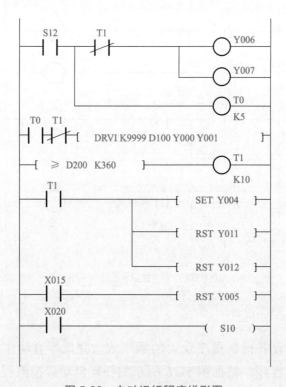

图 5-28　自动运行程序梯形图

第6章
柔性焊接机器人及应用

6.1 柔性焊接机器人

6.1.1 焊接机器人基础

随着先进制造技术的发展，实现焊接产品制造的自动化、柔性化与智能化已成为必然趋势。在焊接生产中采用焊接机器人技术，可以提高生产率，改善劳动条件，保证焊接质量。目前，采用机器人焊接已成为焊接自动化技术现代化的重要标志。

随着智能感知认知、多模态人机交互、云计算等智能化技术不断成熟，工业机器人将向着智能机器人快速演变，机器人深度学习、多机协同等前瞻性技术也会在机器人中迅速推广，机器人系统的应用将更加普遍。从工业制造对焊接需求的发展角度来看，焊接机器人系统趋势主要有：

① 中厚板的机器人高效焊接技术及工艺。

② 小批量或单件大构件机器人自动焊接（如海上工程和造船行业）。

③ 焊接电源的工艺性能进一步提高，适应性更广，更加数字化、智能化。

④ 焊接机器人系统更加智能化。

⑤ 各种智能传感技术在机器人中应用更广泛。

⑥ 更强大的自适应软件支持系统。

⑦ 焊接机器人与上下游加工工序的融合和总线控制。

⑧ 焊接信息化及智能化与互联网融合，最终达到无人化智慧工厂。

根据常用的焊接方法，将焊接机器人系统分成两类：点焊机器人焊接系统和弧焊机器人焊接系统。

（1）点焊机器人焊接系统

图 6-1 所示为电阻点焊机器人焊接系统，主要由机器人、机器人控制器（柜）、定时器以及电阻点焊钳等组成。在机械人手臂末端安装着电阻点焊钳，通过预先设定的程序，利用机器人代替人的操作，实现焊件的电阻点焊连接。

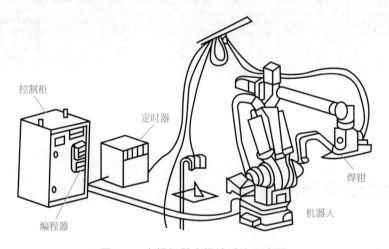

图 6-1　点焊机器人焊接系统示意图

电阻点焊机器人要有足够的负载能力，且在点与点之间移位时，速度要快捷，动作要平稳，定位要准确，这样才能保证焊接质量和生产效率。电阻点焊机器人需要的负载能力，取决于所用的焊钳形式。

目前点焊机器人大多采用一体式焊钳，其整体质量在 70kg 左右。考虑到机器人要有足够的负载能力，才能以较大的速度和加速度将焊钳送到所需的位置进行焊接，一般都选用 100 ～ 150kg 负载的重型机器人。为了适应连续点焊时焊钳短距离快速移位的要求，新的重型机器人增加了可在 0.3s 内完成 50mm 位移的功能，这对驱动电动机的性能、计算机的运算速度和算法都提出更高的要求。

（2）弧焊机器人焊接系统

图 6-2 所示为弧焊机器人焊接系统，主要由机器人、机器人控制器（柜）、变位机以及弧焊电源系统组成。机器人与变位机协调完成焊件的焊接；机器人控制器主要完成信息的获取、处理、焊接操作的编程、轨迹规划和控制以及整个机器

人焊接系统的管理等。在机械人手臂末端安装上焊枪，同时，根据需要安装各种传感器来进行焊接相关的各种信息的实时采集（位置信息、温度信息等），如视觉传感器和温度传感器等。焊接过程中，将传感器采集到的有关信息反馈到机器人控制器。控制器通过对这些信息进行分析处理，根据需要调整和控制焊接机器人的运动、弧焊电源的输出，实现整个系统的闭环控制。

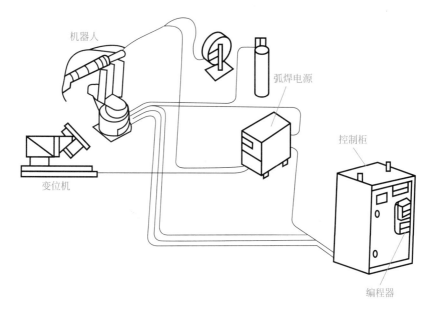

图 6-2　弧焊机器人焊接系统示意图

弧焊过程比电阻点焊过程要复杂得多，弧焊机器人进行弧焊作业时，对机器人的运动学、动力学、避免碰撞、可达性、灵活性及重复精度都有很高的要求。所以，弧焊机器人除了需要工业机器人的基本功能外，还需要更多适合弧焊要求的功能。

弧焊工艺对焊接机器人的要求如下：

① 具有高度灵活的运动控制系统。能保证摆动焊接时，机器人运动与焊枪运动同步，能够沿焊缝位置连续、光顺地进行焊接。此外，还应具有自动寻找焊缝起点位置、电弧跟踪等功能。

② 机器人控制和驱动系统要有较强的抗干扰能力。主要见于钨极氩弧焊焊接机器人焊接系统中对于高频引弧干扰的屏蔽。

③ 具有引弧、收弧和自动再引弧功能。

④ 焊接工艺故障自检和自处理功能。如弧焊的粘丝、断丝等。

随着现代焊接技术的发展，除了电阻点焊机器人、弧焊机器人之外，目前还有激光焊接机器人、搅拌摩擦焊机器人等。

6.1.2　焊接机器人运动控制

机器人运动控制涉及数学、自动控制理论、伺服运动控制等理论与技术，本节主要从焊接技术人员使用机器人的角度对其内容做一般性的介绍。

如图 6-3 所示，机器人的运动控制分为两个层次，第一层次为伺服控制器，每个关节电动机配置一套伺服控制器，实现电动机的位移、速度、加速度及力矩的闭环控制；第二层次也称上位计算机，负责轨迹点的生成、人机交互及其他一些管理任务。

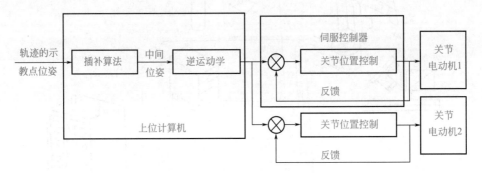

图 6-3　机器人运动控制系统框图

焊接机器人一般是在末端执行机构安装焊枪进行焊接操作。因此，对于焊接机器人，其运动控制主要是对焊枪运动的控制。由此，焊接机器人的运动控制相应地也分为两个层次：单关节的伺服控制和焊枪的运动轨迹控制。

（1）单关节伺服控制

从机器人的运动学分析可知，机器人的关节位移 q 和末端位姿 r 的关系式为：

$$r=f(q) \tag{6-1}$$

如果关节的控制量是 $q_d=(q_{d1},\cdots,q_{dn})^T\in R^n$，其中，$q_{di}$ 表示第 i 关节的控制量，就可组成如图 6-4 所示的关节伺服控制系统。这时的控制量 q_d 可以通过对末端位姿 r 做运动学逆运算得到，也可以通过示教的方法直接得到。

图 6-5 为典型的单关节 PID 控制。这种关节伺服系统把每一个关节作为单纯的单输入单输出系统来处理，所以结构简单，现在的工业机器人大部分都由这种关节伺服系统来控制。

（2）轨迹控制

机器人末端运动轨迹的给定方法有两种，一是示教再现方式，另一种是把目标轨迹用数值形式给出的数值控制方式。

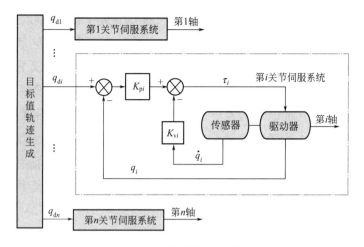

图 6-4 关节伺服结构

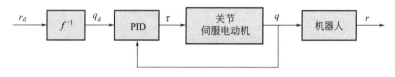

图 6-5 单关节的 PID 控制示意图

在示教再现方式中，轨迹再现的方式通常有点位控制（Point-To-Point，PTP）和连续路径控制（Continuous Path，CP）两种，如图 6-6 所示。

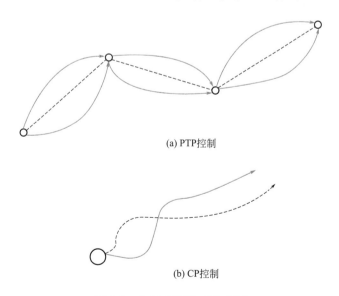

(a) PTP控制

(b) CP控制

图 6-6 PTP 控制和 CP 控制

① PTP 控制　常见于点焊作业，重要的是在示教点上对末端位置和姿态进行定位。关于向该点运动的路径和速度等则不是主要考虑的问题，这种不考虑路径，

而是一个接一个地在示教点处反复进行的定位控制就是 PTP 控制。

② CP 控制　常见于弧焊、涂装等作业，必须控制机器人以示教的速度沿示教的路径运动，这样的控制称为 CP 控制。CP 控制按示教的方法又分为两种，其一是示教时让机器人沿着实际的路径移动，并每隔一个微小的间距大量记忆其路径上的位置，而再现时把所记忆的点一个接一个地作为伺服系统的目标值给出，这样使它跟踪路径；其二是在示教时只记忆路径上的特征点及曲线类型（直线或者圆弧等，如图 6-7 所示），再现时则在这些点之间用直线或圆弧插补，进行数据密化，再把它们输出给伺服系统。后者和前者相比，应该记忆的点数较少，路径修正也比较容易，因而系统具有灵活性。

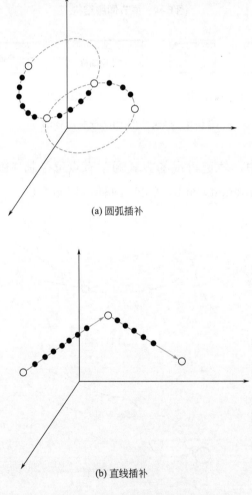

(a) 圆弧插补

(b) 直线插补

图 6-7　有插补的 CP 控制

数值示教方式和数控机床一样，是把目标轨迹作为数值数据给出，这种数据是将作业对象的 CAD 数据、在实施控制中所得到的来自传感器的测量数据等各种数据经变换加工后给出。为此，数值示教方式比单纯再现示教轨迹的示教再现方式更具有一般性、通用性和灵活性。然而，在把目标值以数值形式给出时，由于传感器测量误差，会产生机器人的装配误差及周边设备本身的分散误差等问题。

6.1.3 焊接机器人视觉系统的标定

在焊接机器人领域，机器人视觉系统主要用于对机器人末端位姿测量以及对机器人末端位姿的反馈控制。

焊接机器人视觉系统由光源、光学成像及处理系统、图像显示与存储单元、机器人控制器及机器人本体等部分构成。其工作原理如图 6-8 所示。

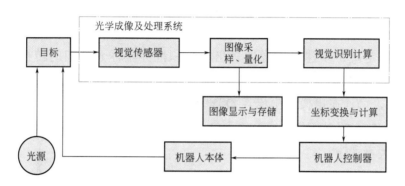

图 6-8 机器人视觉系统工作原理

要实现位姿测量准确，就要进行焊接机器人视觉系统的标定。机器人视觉标定分为摄像机标定和视觉系统标定。

（1）摄像机标定

一般情况下，在对摄像机参数进行标定时，人们通常将相机模型近似为线性模型，或者称针孔模型，进行摄像机标定时，设定坐标如图 6-9 所示。

① 图像像素坐标系 O_1UV：图像在计算机中以 M 行 N 列的数组存储，数组中每一元素的值就是图像点的灰度值，一般以图像的左上角顶点为像素坐标系的原点，(u,v) 即以像素为单位的像素坐标系下的坐标。

② 成像平面坐标系 O_2XY：为了用物理单位表示像素在成像面的位置而建立的坐标系，该坐标系以主光轴和成像面的交点为坐标原点。

③ 摄像机坐标系 $O_cX_cY_cZ_c$：以摄像机的视角确定物体坐标位置而在摄像机上建立的坐标系，它以光心为原点，以平行于成像平面坐标系的 X 和 Y 方向为 X_c 和 Y_c 轴，Z_c 轴与光轴平行，与图像平面垂直，O_cO_2 为摄像机的焦距。$(X_c，Y_c，Z_c)$，以摄像机的光心为原点，Z 轴垂直于成像平面。

④ 世界坐标系 $O_g X_g Y_g Z_g$：为描述物体在真实世界中的位置而引入，系统在工作过程中，需要在工件上设定一个基准坐标系来描述相机的相对位置，这一基准坐标系就是世界坐标系。

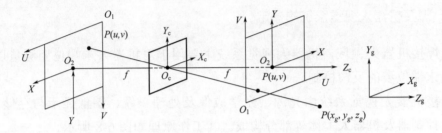

图 6-9　摄像机标定时设定的坐标系

摄像机标定就是要建立图像像素坐标系和世界坐标系之间的转换关系。设待测点 P 在图像像素坐标系 $O_1 UV$ 下的坐标为（u，v），在成像平面坐标系 $O_2 XY$ 下的坐标为（x，y），在摄像机坐标系 $O_c X_c Y_c Z_c$ 下的坐标为（x_c，y_c，z_c），在世界坐标系 $O_g X_g Y_g Z_g$ 下的坐标为（x_g，y_g，z_g），则 P 点在图像像素坐标系和世界坐标系之间的转换关系如下：

$$Z_c \begin{bmatrix} u \\ v \\ 1 \end{bmatrix} = \begin{bmatrix} f_x & 0 & u_0 & 0 \\ 0 & f_y & v_0 & 0 \\ 0 & 0 & 0 & 1 \end{bmatrix} \times \begin{bmatrix} \boldsymbol{R} & \boldsymbol{t} \\ 0^T & 1 \end{bmatrix} \times \begin{bmatrix} x_g \\ y_g \\ z_g \\ 1 \end{bmatrix} = M_1 M_2 \times \begin{bmatrix} x_g \\ y_g \\ z_g \\ 1 \end{bmatrix} \qquad （6\text{-}2）$$

其中，f_x、f_y 为摄像机 X_c 轴和 Y_c 轴的放大系数；（u_0，v_0）代表成像平面坐标系的原点；$\boldsymbol{R}$ 表示 3×3 正交单位旋转矩阵；$\boldsymbol{t}$ 表示三维平移向量；M_1 即为需要标定的摄像机内参；M_2 代表需要标定的外参。

（2）视觉系统的标定

视觉系统的标定则是对摄像机坐标系和机器人的工具坐标系之间关系的求取。摄像机标定时，获得了图像像素坐标系和世界坐标系之间的转换关系矩阵，但在实际应用中，还要眼（摄像机）到手（焊枪等工具）到，即摄像机获取的特征点，机器人系统控制工具也要准确达到该特征点，这就需要获得摄像机与机器人工具（比如焊枪）坐标系之间的关系。这种关系的标定，又称为机器人的手眼标定，手眼标定又分为 Eye-to-Hand 和 Eye-in-Hand 两种。

如图 6-10（a）所示为 Eye-to-Hand 系统，这种关系下，摄像机与机器人工具的位置关系不是固定不变的，而是随着工具的移动而变化的，摄像机的位置由系统确定。如图 6-10（b）所示为 Eye-in-Hand 系统，这种关系下，摄像机与机器人工具的位置关系固定不变。Eye-in-Hand 系统在焊接机器人中应用较为广泛，因此，本节将对 Eye-in-Hand 系统的手眼标定方法进行简要介绍。

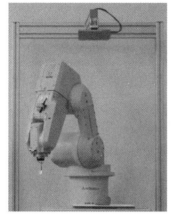

(a) Eye-to-Hand   (b) Eye-in-Hand

图 6-10　手眼标定示意图

机器人机座坐标系、摄像机坐标系和靶标坐标系之间的关系如图 6-11 所示。B 为机器人的机座坐标系，T 为机器人工具坐标系，C 为摄像机坐标系，G 为靶标坐标系。T_6 表示坐标系 B 到 T 之间的变换，T_m 表示坐标系 T 到 C 之间的变换，T_c 表示坐标系 G 到 G 之间的变换，T_g 表示坐标系 B 到 G 之间的变换。T_c 是摄像机相对于靶标的外参数，T_m 是摄像机相对于机器人工具的外参数，是手眼标定需要求取的参数。

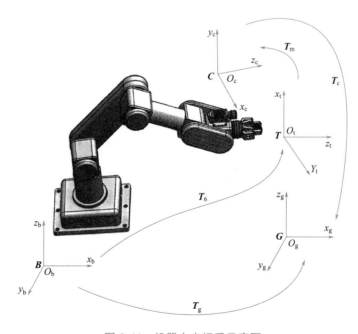

图 6-11　机器人坐标系示意图

自动化焊接实用技术全图解

由坐标系之间的变换关系，可得

$$T_g = T_6 T_m T_c \quad (6\text{-}3)$$

在靶标固定的情况下，改变机器人的末端位姿，标定摄像机相对于靶标的外参数 T_c。对第 i 次和 $i-1$ 次标定，由于 T_g 保持不变，可得

$$T_{6i} T_m T_{ci} = T_{6(i-1)} T_m T_{c(i-1)} \quad (6\text{-}4)$$

式中，T_{6i} 为第 i 次标定时的坐标系 W 到 E 之间的变换；T_{ci} 为第 i 次标定时的摄像机相对于靶标的外参数。

机器人经过第 i 次到 $i-1$ 次标定的位置移动后，机器人工具坐标系的转换矩阵 A 为：

$$A = T_{6(i-1)}^{-1} T_{6i} = \begin{bmatrix} R_A & t_A \\ 0 & 1 \end{bmatrix} \quad (6\text{-}5)$$

摄像机坐标系的转换矩阵 B 为：

$$B = T_{c(i-1)} T_{ci}^{-1} = \begin{bmatrix} R_B & t_B \\ 0 & 1 \end{bmatrix} \quad (6\text{-}6)$$

其中，R 为 3×3 的单位正交矩阵，表示坐标系之间的转换关系；t 为 3×1 的向量，表示坐标系之间的平移关系。

联立式（6-4）～式（6-6），可得到手眼标定方程式：

$$A T_m = T_m B \quad (6\text{-}7)$$

通过求解该方程，即可获得摄像机相对于机器人工具的外参数矩阵 T_m。

6.1.4 机器人坐标系的建立与标定

焊接机器人主要是通过控制末端执行器来对工件进行焊接作业，因此，工具坐标系和工件坐标系的建立与标定也是十分重要的。本节将以 ABB 机器人为例来简要说明机器人工具坐标系和工件坐标系的建立与标定过程。

（1）工具坐标系建立与标定

ABB 机器人在手腕处都有一个预定义的工具坐标系，称为 TOOL0。在安装工具（如焊枪、点焊钳等工具）后，为了方便示教和轨迹的规划，将 TOOL0 进行偏移和旋转后重新建立一个新的坐标系，称为工具坐标系的建立。如图 6-12 所示，客户可以根据工具的外形、尺寸等建立与工具相对应的工具坐标系。

工具坐标系的标定步骤如下：

① 在机器人动作范围内找一个非常精确的固定点作为参考点。

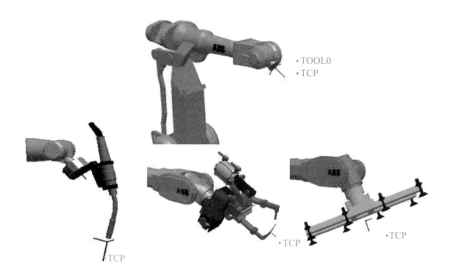

图 6-12　工具坐标系

② 在工具上确定一个参考点（最好是工具中心点 Tool Center Point，TCP）。

③ 手动操纵机器人的方法移动 TCP，以四种不同的工具姿态与固定点刚好碰上。前三个点任意姿态，第四点是用工具的参考点垂直于固定点，第五点是工具参考点从固定点向将要设定的 TCP 的 x 方向移动，第六点是工具参考点从固定点向将要设定的 TCP 的 z 方向移动，如图 6-13 所示。

④ 通过前 4 个点的位置数据即可计算出 TCP 的位置，通过后 2 个点即可确定 TCP 的姿态。

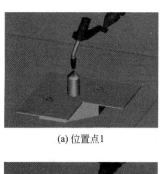

(a) 位置点1

(b) 位置点2

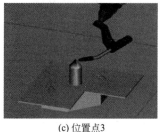

(c) 位置点3

(d) 位置点4

图 6-13

(e) 位置点5   (f) 位置点6

图 6-13　工具坐标系标定

（2）用户坐标系的建立与标定

用户坐标系建立在工件上，可以建立在机器人动作允许范围内的任意位置，设定任意角度的 X、Y、Z 轴，坐标系的方向可以根据客户需要任意设定。如图 6-14 所示，用户坐标系也可以设置多个。

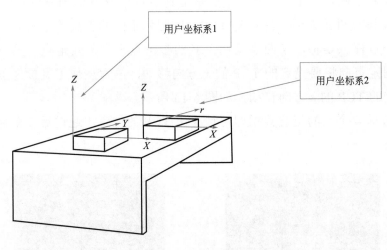

图 6-14　用户坐标系

用户坐标标定方法相对比较简单。如图 6-15 所示，一般通过示教 3 个示教点实现，第一个示教点是用户坐标系的原点；第二个示教点在 X 轴上，第一个示教点到第二个示教点的连线是 X 轴，所指方向为 X 轴正方向；第三个示教点在 Y 轴的正方向区域内。Z 轴由右手法则确定。

6.1.5　焊接机器人的示教编程

机器人的示教，也称为机器人编程。机器人示教编程就是通过用计算机可以接受的方式告诉机器人去做什么，给机器人提出焊接任务指令，包括焊接轨迹和焊接姿态、焊接参数等。

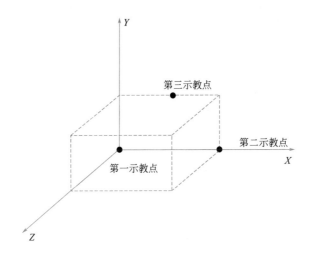

图 6-15　用户坐标系标定

　　用机器人代替人进行作业时，必须预先对机器人发出指令，规定机器人应该完成的动作和作业的具体内容，这个指示过程称为对机器人的示教（teaching），或者称为对机器人的编程（programming）。对机器人的示教内容通常存储在机器人的控制装置内，通过存储内容的再现（playback），机器人就能实现人们所要求的动作和作业。

　　机器人的示教方式有多种形式，但目前使用最多的仍然是示教再现方式。虽然这种方式有占用机时、效率低等诸多缺点，但由于带有传感器的智能化机器人成本较高，并且在一些复杂的生产现场难以应用，某些场合下作业可靠性差，因此目前机器人仍然大量使用示教再现编程方式。

　　示教内容主要由两部分组成，一是机器人运动轨迹的示教，二是机器人焊接作业条件的示教。机器人运动轨迹的示教主要是为了完成某一作业，焊枪端部的运动轨迹，包括运动类型（直线运动、圆弧运动等）、焊枪姿态的示教。机器人焊接作业条件的示教主要是为了获得好的焊接质量，对焊接条件进行示教，包括被焊金属的材质、板厚、焊接参数、焊接电源的控制方法等。

　　机器人的示教编程方式通常有示教器示教方式、（人）引导示教方式。

（1）示教器示教方式

　　机器人示教器作为操作人员与机器人之间的人机交互工具，可以控制机器人完成特定的运动，同时具有一定的监控操作功能，是工业机器人的主要组成部分之一。如图 6-16 所示为操作者在通过示教器对焊接机器人进行示教。

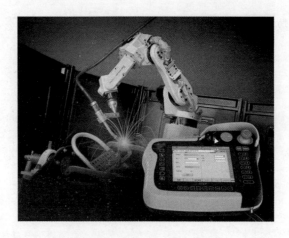

图 6-16　焊接机器人示教操作

　　通过示教器可以控制大多数机器人操作。示教器通过电缆与机器人控制装置连接，在使用它之前必须了解示教器的功能和各个按键的使用方法。不同机器人系统的示教器布局结构有所不同，但功能基本相同。如图 6-17 所示为几种常用的机器人示教器。

(a) FANUC机器人示教器

(b) REIS机器人示教器

(c) KUKA机器人示教器

图 6-17　机器人示教器

　　示教器上的按键主要有以下三类：

① 示教功能键 包括示教 / 再现、存入、删除、修改、检查、回零、直线插补、圆弧插补等功能键，为示教编程用。

② 运动功能键 包括 X 方向运动、Y 方向运动、Z 方向运动、正 / 反方向运动、各个关节转动等功能键，为操纵机器人示教用。

③ 参数设定键 包括各轴速度设定、焊接参数设定、焊枪摆动参数设定等功能键。

示教时首先选择或定义相关坐标系，然后移动机器人，到达所需要的位置，获取示教特征点并存储，直至机器人运动轨迹所需要的特征点全部示教完毕。编写程序，定义行走轨迹和焊接参数，最后试运行，检查行走轨迹是否符合。具体操作步骤如图 6-18 所示。

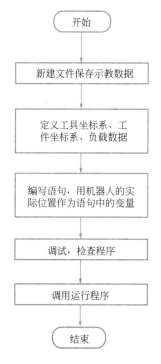

图 6-18 示教器示教流程图

(2) 引导示教方式

引导示教方式是指人为地引导机器人运动来进行程序设计的示教方式。具体来说就是通过释放机器人各个轴的制动器，然后引导机器人末端执行机构进行运动轨迹示教。在引导过程中，控制器将每个轴运动的连续位置记录下来。示教完成后，机器人将通过控制器提取记录的位置数据，计算各个轴电动机驱动器所需要的运动参数，进行引导示教的轨迹再现。

引导示教方式方便灵活，但控制精度较低，难以与传感器相配合，且每个机器人都要进行单独示教，不适应于多机器人进行相同作业的场合。

6.1.6 焊接机器人离线编程技术

弧焊机器人是一个可编程的机械装置，其功能的灵活性和智能性很大程度上决定于机器人的编程能力。离线编程技术，是指部分或完全脱离机器人，借助计算机来编制机器人运动程序的方式。弧焊机器人离线编程系统不仅要在计算机上建立起机器人系统的物理模型，而且要对其进行编程和动画仿真，以及对编程结果后置处理。一般来说，弧焊机器人离线编程系统包括以下一些主要模块：CAD建模、图形仿真、离线编程、传感器以及语言转换等。

（1）CAD建模

CAD建模需要完成设备建模、零件建模、系统设计和布置、几何模型图形处理等任务。通过直接从CAD系统获得零件和工具的CAD模型，使CAD数据共享。正因为CAD建模的标准化，所以离线编程系统应包括CAD建模子系统。在建模过程中，还应考虑构建的机器人模型与实际焊接机器人之间的误差，对机器人进行标定，对误差进行测量、分析并不断校正所建模型。如图6-19所示为弧焊机器人的CAD模型。

图6-19 弧焊机器人CAD模型

（2）图形仿真

图形仿真技术通过模拟机器人的作业过程，建立了一个与机器人进行交互作用的虚拟环境。它将机器人仿真的结果以图形的形式显示出来，直观地显示出机器人的运动状况，从而可以得到从数据曲线或数据本身难以分析出来的许多重要信息，离线编程的效果正是通过这个模块来验证的。图形仿真如图 6-20 所示。

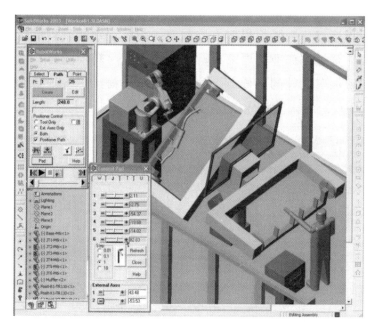

图 6-20 焊接机器人图形仿真

（3）传感器

焊接过程的实时传感是保证焊接生产中产品质量的关键因素。传感器技术的应用使机器人系统的智能性大大提高，机器人作业任务已离不开传感器的引导。由于传感器产生的信号受到多方面因素的干扰（光线条件、物理反射率、物体几何形状以及运动过程的不平衡性等），使得基于传感器的运动不可预测。因此，弧焊机器人离线编程系统应能对传感器进行建模，生成传感器的控制策略，对基于传感器的作业任务进行仿真。

（4）离线编程

编程模块一般包括机器人及设备的作业任务描述，包括路径点的设定、建立变换方程、求解未知矩阵及编制任务程序等。在进行图形仿真以后，根据动态仿真的结果，对程序做适当的修正以达到满意效果，最后在线控制机器人运动以完成作业，如图 6-21 所示。

（5）语言转换

语言转换是离线编程的最后环节，在弧焊机器人离线编程中，由于机器人控制柜的多样性，不同控制柜可以接受的代码形式不尽相同，设计通用的通信模块比较困难，因此，离线编程系统中生成的数据有两套，一套供仿真用，一套供控制柜使用，它们之间通过语言转换进行数据形式转换。语言转换的主要任务是把离线编程的源程序编译为弧焊机器人控制系统能够识别的代码形式，即当作业程序的仿真结果完全达到作业的要求后，将该作业程序转换成目标机器人的控制程序和数据，实现加工文件的上传及下载，并通过通信接口将程序下载到目标机器人控制柜，以驱动机器人去完成指定的焊接任务。

图 6-21　离线编程

6.2　机器人焊接工作站集成

在焊接生产中，单一的焊接机器人只能实现简单工序的自动化，无法达到工业生产自动化的要求，需要根据作业内容、工件形式、质量和大小等工艺因素，选择或设计辅助设备以及与焊接机器人作业相配合的周边设备，共同构成焊接机器人工作站。

工作站的优点如下：

① 降低了生产成本，减少了人工劳动量、物料传送环节、重复设备的数量。

② 提高生产效率的同时，减少了人为因素负面影响，保证了产品质量。

③ 产品质量稳定，生产节奏的可控性高、产能稳定。

④ 降低了工人操作技能、持续工作时间，工作环境改善。

⑤ 产品种类适用范围更大，产线更加柔性化。

综合来说，自动化焊接工作站生产更利于企业综合生产成本控制和生产线管理，大幅度提高生产力技术水平，从而增强企业竞争力。从国内外自动化焊接工作站应用及普及的发展态势看，工作站是未来焊接设备的发展方向和应用趋势。

典型焊接机器人工作站主要有弧焊机器人、点焊机器人、激光焊接机器人和搅拌摩擦焊机器人等类型。根据用户要求和工件情况的不同，工作站的构成也略有不同。基本构成主要包括机器人、焊接装备、工装夹具等。本章主要以弧焊机器人和点焊机器人为例，来介绍焊接工作站的组成。

6.2.1　弧焊机器人工作站

典型的弧焊机器人工作站主要包括：机器人系统（机器人本体、机器人控制柜、示教盒）、变位机、焊接系统（焊机、送丝机、焊枪、焊丝盘支架）、焊枪防碰撞传感器、焊接工装系统（机械、电控、气路 / 液压）、清枪器、控制系统（PLC 控制柜、HMI 触摸屏、操作台）、排烟除尘系统（自净化除尘设备、排烟罩、管路）和安全系统（围栏安全光栅、安全锁）等。弧焊机器人工作站如图 6-22 所示。

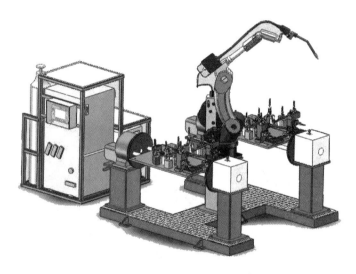

图 6-22　弧焊机器人工作站

根据选用焊接工艺方法的不同，弧焊机器人工作站一般可分为熔化极气体保护焊（MIG/MAG/CO_2）、非熔化极气体保护焊（TIG）、等离子弧焊（Plasma）及变极性等离子弧焊（VPPA）系统等，主要差异在焊接电源系统和接口（机器人 - 焊机设备），其他配置基本相同，对于焊接电流较大的情况，通常配置循环水冷却系统，用于焊枪的冷却。弧焊机器人工作站通常采用双工位或多工位设计，采用气动 / 液压焊接夹具，机器人（焊接）与操作者（上下料）在各工位间交替工作。操作人员将工件装夹固定好之后，按下操作台上的启动按钮，机器人完成另一侧的焊接工作，马上会自动转到已经装好的待焊工件的工位上接着焊接，这种方式可以避免或减少机器人等候时间，提高生产率。

自动化焊接实用技术**全图解**

6.2.2 点焊机器人工作站

典型的点焊机器人工作站如图 6-23 所示,主要包括:机器人系统、点焊控制器、焊钳、线缆包、焊接工装、电极修磨器、水冷系统、控制系统、安全系统等。根据焊接方法的不同,点焊机器人工作站又分为交流点焊、直流点焊(次级整流)两大类,交流点焊又分为工频、中频等;不同的类型,焊接工作站的组成也略有不同,主要区别在于不同类型的点焊钳的驱动方式不同。因为点焊过程快速高效,所以点焊机器人工作站通常采用双工位或多工位设计,有时为了平衡机器人焊接与操作者上下料的时间,甚至设置 4～5 个工位。点焊机器人工作站多采用固定式工装夹具,一般采用气动焊接夹具,不使用变位机。由于点焊机器人系统管路较多(包括点焊钳控制电缆、点焊钳电源电缆、冷却水管、气管、电动机电缆等),特别是机器人与点焊钳之间的连接,一般采用线缆包解决管路的布置管理,避免管路和机器人手臂发生缠绕。对于一些自动化程度要求很高的情况,还会应用电极帽自动更换设备,以及电极长度自动补偿机构等。

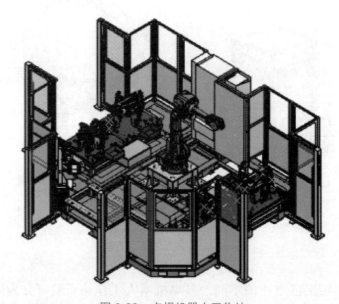

图 6-23 点焊机器人工作站

6.2.3 焊接工作站的设计与控制

(1) 工作站系统设计

在焊接生产中,设计焊接机器人工作站系统是一项相当精细且复杂的工程,它涉及机、电、液、气、通信等诸多技术领域,不仅要从技术上,而且从经济效

136

益、社会效益、企业发展多方面进行可行性研究，做到最大限度地发挥机器人的优越性，提高生产效率。在工业生产中设计焊接机器人工作站系统，一般可分为以下四个步骤。

① 可行性分析　在引入焊接机器人系统之前，必须仔细了解应用机器人的目的以及主要的技术要求。首先要分析技术的可能性与先进性，通过用户现场调研和相似作业的实例调查等方法规划初步的技术方案，然后对方案进行先进性评估，包括机器人系统、外围设备及控制、通信系统等的先进性评估；其次要分析投资的可能性和合理性，根据前面提出的技术方案，对机器人系统、外围设备、控制系统以及安全保护设施等进行逐项估价，并考虑工程进行中可以预见和不可预见的附加开支，按工程计算方法得到初步的工程造价；最后还要考虑工程实施过程中的可能性和可变更性，因为在很多设备、元件等的制造、选购、运输、安装过程中，还可能出现一些不可预见的问题，必须制定发生问题时的替代方案。

在进行上述分析之后，就可对机器人引入工程的初步方案进行可行性排序，得出可行性结论，并确定一个最佳方案，再进行机器人工作站、生产线的工程设计。

② 焊接机器人工作站和生产线设计　根据可行性分析中所选定的初步技术方案，进行详细的设计、开发、关键技术和设备的局部试验或试制、绘制施工图和编制说明书。主要设计任务集中在机器人末端执行器和机器人辅助设备的设计和选用，这一部分一方面要设计确定末端执行器（焊枪）的规格以及安装位置，一方面要确定夹具和变位机以及机器人机座的设计和选用。

③ 制造与试运行　制造与试运行是根据设计阶段确定的施工图纸、说明书进行布置、工艺分析、制作、采购，然后进行安装、测试、调整，使之达到预期的技术要求，同时对管理人员、操作人员进行培训。

a．制作与采购　首先制作估价，拟定事后服务及保证事项，然后是设备采购，包括设计加工零件的制造工艺、零件加工、采购标准件、检查机器人性能、采购件的验收检查以及故障处理等内容。

b．安装与运转　此项任务包括安装总体设备，试运转检查，试运转调整，连续运转，实施预期的机器人系统的工作循环、生产试车、维护维修培训等内容。

④ 交付使用　交付使用后，为达到和保持预期的性能和目标，需要对系统进行维护和改进、并进行综合评价。

（2）机器人焊接工作站的控制

焊接机器人工作站的控制主要是对机器人和机器人辅助焊接设备之间的控制，主要集中在机器人与变位机以及工装夹具之间的控制。

变位机主要实现对工件位姿的变化。如图 6-24 所示为机器人与变位机的工作站系统。不同的变位机和机器人的组合可以构建多种形式的焊接机器人工作站。变位机自由度越多，越容易与机器人配合形成更复杂的运动，相应的，控制系统越复杂。对焊接机器人与工作台的控制主要分为分离控制和协同控制。

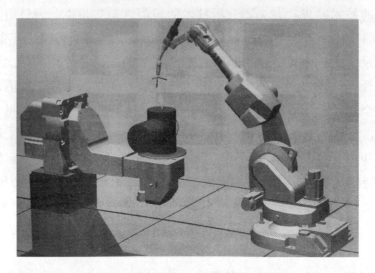

图 6-24　机器人与变位机的工作站系统

分离控制方式，分离控制的变位机的运动不是由机器人控制柜直接控制的，而是由一个外加的可编程逻辑控制器 PLC 来控制。机器人控制柜控制机器人焊接完一个工件后，通过其控制柜的 I/O 接口给 PLC 一个信号，PLC 再按预定程序驱动何服电机或气缸使变位机运转。变位机运转制动是通过接近开关和限位开关反馈信息给 PLC 来实现的。这些变位机在变位时，机器人是静止的，机器人运动时，变位机是不动的。编程时，应先让变位机使工件上的接头处于所要求的位置，然后由机器人来焊接，再变位，再焊接，直到所有焊缝焊完为止。

安全围栏的开口处装有安全光栅，这对有回转运动的工作台或变位机都是很重要的安全措施。通过控制系统在工作台回转时不断监视安全光栅的情况，来确保在有操作人员进入危险区域时，安全光栅被挡住，机器人立即停止运动。

协同控制方式，当变位机与机器人作协调运动时，一般需要由机器人控制柜控制。协调控制的本质是示教时同时记录机器人 TCP 和变位机的位姿，再现时机器人和变位机将其示教轨迹重现。目前的机器人均支持多个外部轴的协同控制。

6.3　焊接机器人应用

随着现代制造技术的发展，焊接机器人在工程机械、汽车制造、海洋工程等制造领域的应用越来越普遍，本节将通过一些实例简要地介绍焊接机器人的应用。

6.3.1 工程机械行业—挖掘机制造中焊接机器人的应用

常见的挖掘机为履带式挖掘机或者轮胎式挖掘机，图 6-25 所示为履带式挖掘机结构示意图。挖掘机的结构件主要有铲斗、动臂、斗杆、上架、下架、履带梁等。

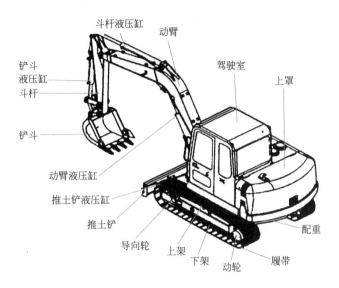

图 6-25　履带式挖掘机结构示意图

挖掘机的重要结构件是挖掘机的机臂，是进行挖掘作业的主要支撑装置。机臂结构一般是箱体式的，由上下盖板、两侧的墙板（侧板）等构成。如图 6-26 所示为某型号挖掘机机臂实物图与结构图。由图可知，机臂结构的焊缝主要由长直角焊缝组成，且由于是大型承重结构件，由厚板拼接而成，坡口大、焊缝深，一般采用 CO_2 气体保护焊的方法进行多道多层焊接作业，以保证焊接质量。

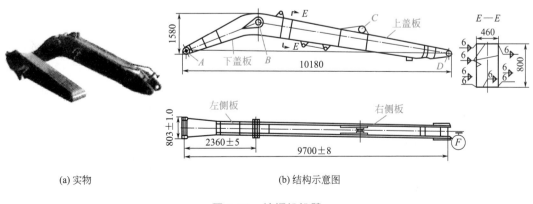

(a) 实物　　　　　　　　　　　　(b) 结构示意图

图 6-26　挖掘机机臂

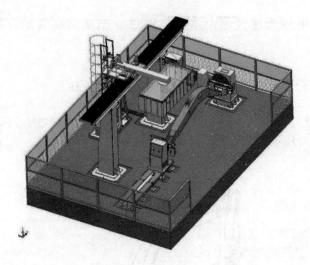

图 6-27　挖掘机动臂机器人焊接系统

图 6-27 所示为挖掘机机臂机器人焊接系统，该机器人系统主要由焊接机器人、机器人移动装置、变位机、焊接电源及送丝装置、冷却水循环装置、系统变压器、清枪剪丝装置、焊件夹具等组成。该系统的机器人为具有六个自由度的关节型机器人，移动装置为简单的一轴移动，即机器人可以沿着地面轨道平行于挖掘机机臂长度方向移动，以满足长焊缝的焊接需求。变位机采用的是头尾架式一轴旋转变位机，利用伺服电动机驱动，并与减速器等配合，实现焊件平稳翻转变位。变位机的从动侧可以沿地面轨道前后移动，从而满足不同长度挖掘机动臂、斗杆焊件的焊接需求。该焊接系统具有焊缝跟踪功能，能够保证机器人自动找到正确的焊接位置，实时采集间隙变化进行焊枪摆动、焊接速度自动调整，来获得良好的焊缝成形，满足焊接质量的要求。图 6-28 所示为应用挖掘机机臂机器人焊接系统进行焊接的现场。

6.3.2　汽车行业—整车制造中焊接机器人的应用

汽车制造是焊接机器人应用最普遍的领域，目前在汽车整车制造以及汽车零部件制造中均采用焊接工作站进行焊接生产，基本实现了汽车焊接生产自动化。

整车焊装车间配备有多台机器人协同作业，大型车企的焊装车间的焊接机器人一般都达到二百多台焊接机器人。焊装车间的激光焊接机器人系统主要进行车身的顶盖和侧围的连接、底板不等厚板的拼接、底板与侧围、后围板等部位的焊接作业。激光焊焊接的整车车身不仅坚固可靠，而且焊缝外观均匀平整，更加美观。焊装车间的电阻点焊机器人系统一般采用配备一体化焊钳的焊接机器人，减少电磁污染，降低了能耗，更加环保。

将不同类型的工业机器人和焊接机器人组合在一起，共同构成了一条全自动焊装汽车生产线。通过多台机器人接替配合作业，保证了焊接生产线的稳定高效。图 6-29 所示为汽车机器人焊装生产线。

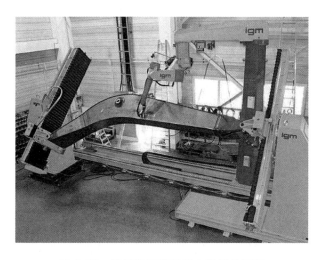

图 6-28　挖掘机机臂机器人焊接的现场

图 6-29　汽车机器人焊装生产线

6.3.3　电力建设行业—铁塔钢结构制造中焊接机器人的应用

横担是电力铁塔中重要的组成部分，它的作用是用来安装绝缘子及金具，以支撑导线、避雷线，并使之按规定保持一定的安全距离，如图 6-30 所示。

横担一般是箱式结构，是由钢板焊接而成的结构件，工件在焊接时，会存在对接误差以及焊接变形，需要焊接机器人系统配备焊缝寻位和焊缝跟踪等功能，机器人能够在焊接时自动找到焊缝的起始位置和正确的方向，保证焊接质量。如图 6-31 所示为横担焊接机器人系统示意图，焊接机器人系统主要由焊接机器人本体、焊接电源、焊接工作台、电气控制柜及其他外围设备组成。横担焊接机器人系统采用头尾架变位机与机器人直线行走机构高度配合，可有效扩展机器人的工作范围，可以适应不同长度尺寸的工件焊接。同时变位机能够翻转工件使焊缝达到最佳焊接姿态和位置，能实现角焊、平焊、船形焊。

图 6-30　电力铁塔

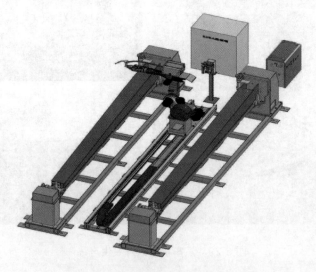

图 6-31　横担焊接机器人系统示意图

6.3.4　建筑行业—肋板结构制造中焊接机器人的应用

现代桥梁建设中多采用钢结构作为承重结构，通过钢结构桥梁与水泥钢筋共同构成的桥墩组成桥梁的承重结构。因此，桥梁钢结构的焊接至关重要。

桥梁钢结构主要包括 U 形肋板、T 形肋板，肋板种类不同，所用的机器人焊接系统也有所不同。目前，U 形肋板机器人焊接系统、横隔板机器人焊接系统、U 形肋板自动组装定位焊系统已经成功应用到港珠澳大桥项目中。如图 6-32 所示为 U 形肋板机器人焊接现场。

由图 6-32 可以看出该 U 形肋板机器人焊接系统有四台焊接机器人同时工作，两台变位机以及两台移动台车负责被焊工件的运动。由于各机器人、移动台车在工作中可能会处于相互干涉的状态，或者因为作业任务有先后进行的情况，在焊接过程中焊接机器人之间需要互相沟通，因此该系统运用 PLC 以及移动装置控制箱内的远程通信 I/O 单元将四台机器人以及两台移动台车连接在一起，利用通信功能协调各个装置之间的工作，保证机器人与移动台车相互配合，实现安全协调可控的焊接。

图 6-32　U 形肋板机器人焊接

参考文献

[1] 胡绳荪. 焊接自动化技术及其应用 [M]. 北京：机械工业出版社，2015.

[2] 雷娟，陈尹萍. 单片机原理及应用 [M]. 北京：冶金工业出版社，2012.

[3] 靳孝峰. 单片机原理与应用 [M]. 北京：北京航空航天大学出版社，2012.

[4] 王贤勇，郭龙源. 单片机原理与应用 [M]. 北京：科学出版社，2011.

[5] 陈艳，黄晓. 可编程控制器技术与应用 [M]. 北京：清华大学出版社，2013.

[6] 刘文芳，方强. 西门子 PLC 系统综合应用技术 [M]. 北京：机械工业出版社，2012.

[7] 赵燕，徐汉斌. PLC：从原理到应用程序设计 [M]. 北京：电子工业出版社，2013.

[8] 黎文航，王加友. 焊接机器人技术与系统 [M]. 北京：国防工业出版社，2015.

[9] 张明文，王璐欢. 工业机器人视觉技术及应用 [M]. 北京：人民邮电出版社，2020.

[10] 宁祎. 工业机器人控制技术 [M]. 北京：机械工业出版社，2020.

[11] 陈茂爱，任文建. 焊接机器人技术 [M]. 北京：化学工业出版社，2019.

[12] 吴林. 焊接机器人实用手册 [M]. 北京：机械工业出版社，2014.

[13] 薛龙，王德国，邹勇. 水下管道全位置焊接过程控制专家系统 [J]. 电焊机，2014，44（07）：64-67.

[14] 丁正春，孙明亮. 红外温度传感器在钎焊专机中的应用 [J]. 焊接技术，2003，32（5）：49-50.

[15] 李树槐，耿正，丛桂英. 焊缝跟踪用电磁传感器的理论分析 [J]. 焊接学报，1985（03）：15-23.

[16] 卢明熙，陈开云. 焊缝超声波自动探伤的电磁跟踪方法 [J]. 无损检测，2000（04）：151-153.

[17] 王天祥. 基于 WiFi 焊接远控与焊缝电磁跟踪系统研究 [D]. 哈尔滨：哈尔滨工业大学，2014.

[18] 乐健，张华，叶艳辉，等. 机器人基于电弧传感器对 90° 折线角焊缝的跟踪 [J]. 机器人，2014，36（04）：419-424.

[19] 王英鸽，毛志伟，周少玲，等. 超声波传感器在直角焊缝自动焊接中的应用 [J]. 传感器与微系统，2009，28（05）：112-114.

[20] 陆跟成. 自适应模糊控制电弧传感器设计 [D]. 南京：河海大学，2004.

[21] 刘新锋. 基于正面熔池图像和深度学习算法的 PAW 穿孔 / 熔透状态预测 [D]. 济南：山东大学，2017.

[22] 桂鹏. 激光 - 等离子复合焊接模糊 PID 控制系统研究 [D]. 沈阳：东北大学，2015.

[23] 秦涛. 基于结构光视觉传感器的焊缝实时跟踪控制 [D]. 上海：上海交通大学，2012.

[24] 李东光. 自动化焊接技术及其发展探讨 [J]. 中国高新技术企业，2015（20）：78-79.

[25] 周利平，韩永刚. 我国焊接自动化技术现状及发展趋势 [J]. 科技信息，2011（19）：155.

[26] 卢振洋，刘西伟，陈树君，等. 复杂空间曲线焊 VPPA 专用焊接机头设计 [J]. 焊接，2016（6）：8-12.

[27] John Lapham. Robot Script-the Introduction of a universal robot programming language [J]. lndustrial Robot，1999（26）.

[28] Sugitani Y，Kobayshl Y，Murayama M. Development and application of automatic high speed rotation arc welding [J]. Welding International，1991，5（7）：577-583.

[29] Yang Chun Li，Guo Ling，Lin San Bao. Application of rotating arc system to horizontal narrow gap welding [J]. Science and Technology of Welding and Joining，2009，14（2）：172-177.

[30] 陈伟，孔令成，张志华，等. 龙门架式焊接机器人系统设计 [J]. 现代制造工程，2010（8）：159-162.

[31] 刘效，徐林森. 地磅自动焊接系统龙门架结构设计与优化 [J]. 机床与液压，2014（19）：154-157.

[32] 李娜，王国冰. 先进焊接工装夹具在机械装备制造业中的应用 [J]. 装备制造技术，2019（3）：148-150.

[33] 宋彩艳，宁祎，韩莉莉，等. 焊装夹具及其柔性化在工业制造中的应用综述 [J]. 现代制造技术与装备，2017，9（250）：116-118.

[34] 张海东，季海俊. 焊接工装夹具在机械装备制造业中的应用研究 [J]. 现代机械与科技，2020（17）：102-103.

[35] 王绍杰. 焊接机器人的发展及其在汽车工程实际中的应用 [J]. 科技资讯，2008（3）：8-11.

[36] 袁军民. MOTOMAN 点焊机器人系统及应用 [J]. 金属加工：热加工，2008（14）：35-38.

[37] 周海雁，刘洪波. 汽车焊装的机器人点焊系统分析 [J]. 农家科技旬刊，2016（4）：430.

[38] 吴金保，孙晶晶. 工业机器人点焊系统解析 [J]. 日用电器，2018，153（9）：92-96.

[39] 周琳. 弧焊与点焊机器人的应用及常见问题的分析 [J]. 内燃机与配件，2019（14）：255-256.

[40] 王鹏洁，郑卫刚. 有轨道全位置智能焊接机器人的研究及应用 [J]. 起重运输机械，2015（04）：20-22.

[41] 王辉平. 移动式焊接机器人在港珠澳大桥钢主梁大节段中的应用 [J]. 焊接技术，2018，47（4）：107-111.

[42] Kim D W，Choi J S，Nnaji B O. Robert arc welding operations planning with a rotating/titling positioner [J]. Int. J. Prod. Res.，，1998（4）.

[43] Hori K，Kawakara M. Application of narrow gap process by S. Sawada [J]. Welding Journal，1985，27（6）：22-31.

[44] 杜永鹏，郭宁，殷子强，等. 水下湿法焊条自动焊接系统研制 [J]. 热加工工艺，2018，47（19）：217-219.

[45] 压力自平衡式水下焊接设备防水系统研究 [D]. 哈尔滨：哈尔滨工业大学，2014.

[46] 王腾. 水下焊接机器人实验样机研制与焊接工艺研究 [D]. 哈尔滨：哈尔滨工程大学，2015.

[47] 韩雷刚，钟启明，陈国栋，等. 局部干法水下焊接技术的发展 [J]. 浙江大学学报（工学版），2019（7）：1252-1264.

[48] 王中辉，张东东. 高压焊接试验舱研究现状 [J]. 焊管，2012，35（5）：50-53.